Kamil Satarovich Ashimov
Galina Mikhailovna Chernova

Caraterísticas biomorfológicas de adaptação do pistácio verdadeiro

Kamil Satarovich Ashimov
Galina Mikhailovna Chernova

Caraterísticas biomorfológicas de adaptação do pistácio verdadeiro

Monografia

ScienciaScripts

Imprint

Any brand names and product names mentioned in this book are subject to trademark, brand or patent protection and are trademarks or registered trademarks of their respective holders. The use of brand names, product names, common names, trade names, product descriptions etc. even without a particular marking in this work is in no way to be construed to mean that such names may be regarded as unrestricted in respect of trademark and brand protection legislation and could thus be used by anyone.

Cover image: www.ingimage.com

This book is a translation from the original published under ISBN 978-3-659-86566-4.

Publisher:
Sciencia Scripts
is a trademark of
Dodo Books Indian Ocean Ltd. and OmniScriptum S.R.L publishing group

120 High Road, East Finchley, London, N2 9ED, United Kingdom
Str. Armeneasca 28/1, office 1, Chisinau MD-2012, Republic of Moldova, Europe
Managing Directors: Ieva Konstantinova, Victoria Ursu
info@omniscriptum.com

Printed at: see last page
ISBN: 978-620-8-54553-6

Copyright © Kamil Satarovich Ashimov, Galina Mikhailovna Chernova
Copyright © 2025 Dodo Books Indian Ocean Ltd. and OmniScriptum S.R.L publishing group

CONTEÚDO.

INTRODUÇÃO

A intensificação da cultura industrial (de jardim) do pistácio no Uzbequistão determina a utilização de novos métodos tecnológicos que permitem o envolvimento mais eficaz de terras pouco produtivas nas partes de vale do sopé das montanhas, especialmente em solos pobres de seixos arenosos e argilosos dos cones de remoção de numerosos rios de montanha. São geralmente representados por formações não-solo - seixos e calhaus não calcificados de diferentes graus de calcificação com a ajuda de um horizonte colmatáceo de grão fino até 0,5 m e constituem grandes áreas de espaços pedregosos semidesérticos com vegetação esparsa de absinto-solanáceas. Apenas nas regiões de Fergana, Namangan e Andijan ocupam cerca de 400 mil hectares em zonas com intensa atividade eólica (por exemplo, o grupo de distritos de Kokand, incluindo o local "Besh-Aryk" na parte do vale do sopé da cordilheira do Turquestão), onde foi realizada a investigação.

Trata-se de uma espécie resistente à seca e relativamente resistente à geada, com um sistema radicular bem desenvolvido e uma grande adaptação a diferentes condições naturais e climáticas, como o demonstra o crescimento do pistácio em sopés de montanha de sequeiro de quase todas as regiões da Ásia, incluindo o Uzbequistão. É interessante notar que apenas no vale de Fergana as encostas das cordilheiras de Chatkal, Turkestan e Alai estavam cobertas de matagais de pistácios no passado, onde apenas pequenas bolsas de pistácios sobreviveram até à data, principalmente em locais de difícil acesso para as pessoas. Não é sem razão que os primeiros exploradores da natureza da região do Turquestão chamaram ao vale de Fergana "o país do pistácio", no século XVIII. É importante envolver no volume de negócios agrícola não só os contrafortes de sequeiro anteriormente ocupados pelo pistácio, mas também as terras de calhau "abandonadas" praticamente não desenvolvidas. A experiência de longo prazo dos cientistas florestais da Ásia Central e, em especial, as investigações fundamentais de T.A.Zheltikova (1977) sobre a produção de culturas florestais em seixos zakolmatised dos cones de remoção mostraram que o desenvolvimento de terras de seixos, que anteriormente eram consideradas "abandonadas", com base na irrigação e no melhoramento, pode resolver o problema do aumento da fertilidade do solo e, em especial, abrir perspectivas para o seu desenvolvimento para culturas agrícolas e frutícolas. Foi revelado que as alterações que ocorrem no solo sob o dossel da floresta ou do jardim se exprimem no aumento da espessura dos horizontes de húmus e do teor de húmus, na melhoria da estrutura do solo e das propriedades físico-hídricas. Isto, por sua vez, abre perspectivas para o desenvolvimento de terras de cascalho para plantações de pistácios. Devido à elevada adaptação a várias condições naturais e climáticas inerentes a esta raça, o pistácio verdadeiro é uma das espécies mais prometedoras para a renovação agrícola de terrenos de seixos difíceis de recuperar. Por conseguinte, a recuperação da antiga área de pistácio no vale de Fergana e o regresso do pistácio à sua terra natal é uma tarefa estatal importante. Tendo em conta o crescente défice de água nesta região e a existência de uma enorme reserva de terrenos baldios adequados para o cultivo de pistácios excecionalmente resistentes à seca, que não são exigentes em termos de condições, será possível recuperar não só a antiga área desta raça, mas também obter valiosos produtos de pistácios e, o que é importante, melhorar a situação ecológica nesta região. Em ligação com a tarefa estatal estabelecida, o cultivo de plantações industriais de pistácio numa base varietal, a realização de um zonamento de uma variedade valiosa, ajudará a aumentar o emprego estável da população e a melhorar o seu bem-estar. O mesmo problema é válido praticamente para todas as regiões da República do Uzbequistão, bem como para outras regiões da Ásia Central. A justificação (com base na) capacidade de adaptação biológica e ecológica do pistácio permite esperar a intensificação do envolvimento de muitos sopés e montanhas baixas de sequeiro vazios no volume de negócios agrícola através do cultivo de plantações de pistácio.

Figura 1: Pistácios de Andijan, República do Usbequistão

CAPÍTULO 1 - A importância do pistácio verdadeiro

A importância do verdadeiro pistácio é grande. Por um lado, é a principal espécie florestal nos contrafortes áridos e nas montanhas baixas de quase todas as regiões da Ásia Central, desempenhando, devido ao seu sistema radicular bem desenvolvido, um enorme papel de proteção do solo e da água. Os pistácios crescem a altitudes de 500 a 2000 m acima do nível do mar e são uma excelente espécie para a manutenção de um ecossistema saudável. O pistácio frutifica particularmente bem em altitudes entre 800 e 1300 m acima do nível do mar. Devido às suas elevadas qualidades de sabor, os pistácios são avaliados 3 a 4 vezes mais caros do que as nozes e as amêndoas no mercado mundial. Tanto diretamente em bruto como após várias transformações, são utilizados na indústria de confeitaria, na produção de enchidos de qualidade superior e em produtos dietéticos.

No Cânone da Ciência Médica, compilado por Abu-Ali Ibn Sina, é-lhe atribuído um lugar importante no tratamento de doenças do fígado e do estômago, como meio de curar feridas externas. O pistácio é utilizado no tratamento de doenças pulmonares crónicas. A tintura de pericarpo de pistácio é bebida para doenças gástricas. No entanto, o pistácio também pode ser uma fonte de taninos, taninos medicinais e resina. Durante milhares de anos, os pistácios no Oriente foram considerados um excelente remédio para eliminar as toxinas do corpo.

A resina de pistácio, denominada terebintina de pistácio, caracteriza-se por propriedades técnicas elevadas e é adequada para o fabrico de vernizes a álcool e a óleo, muito utilizados na construção aeronáutica.

Não é sem razão que o pistácio é chamado de árvore combinada, uma vez que todas as suas partes (madeira, fruto, resina) podem ser utilizadas pelas pessoas para as suas necessidades. Nos países da bacia do Mediterrâneo Central (Irão, Turquia, Síria, etc.), o pistácio é chamado "ouro verde" ou "árvore dourada" devido ao elevado rendimento que proporciona. Além disso, nestes países, a produção principal é obtida a partir de plantações de pomares e não de plantas selvagens.

É necessário sublinhar a importância excecional dos pistácios para as pessoas que vivem em regiões áridas, onde praticamente nenhuma outra espécie pode crescer sem irrigação adicional. O pistácio não tem medo dos ventos quentes e secos ("Garmsili"); é resistente ao calor e à seca. Tudo isto o caracteriza como uma espécie excecionalmente resistente e adaptada, que não só melhora o microclima dos territórios adjacentes, mas também tem um grande valor de melhoria do solo e de proteção da água na zona do pistácio.

Mas, antes de mais, o verdadeiro pistácio é um valioso "portador de nozes", cujo fruto é um alimento valioso e uma matéria-prima insubstituível para alimentos, vitaminas e várias outras indústrias. As sementes de pistácio, sendo um produto dietético de alto teor calórico, contêm de 40 a 60 por cento ou mais de gorduras, 15 a 20 por cento de proteínas, 3 a 8 por cento de açúcares e muitos microelementos. Neles se encontram glucose, frutose, sacarose, rafinose (V.F. Shcheglova et al., 1975) e compostos contendo azoto - leucina, fenilalanina, valina, treonina, arginina, lisina, glutamina e asparagina (E.Y. Babekova, 1979). Devido ao elevado sabor das sementes, os frutos de pistácio são 3-4 vezes mais caros do que os frutos de noz e amêndoa no mercado mundial (V.P. Alekseev, 1963). Os pistácios são utilizados tanto frescos como na indústria alimentar para o fabrico de óleo de pistácio e de muitos produtos de confeitaria e culinários.

O pistácio tem muitas outras qualidades valiosas. As formações de galhas nas folhas, conhecidas na literatura como "buzgunch", contêm até 50% de taninos, que são matérias-primas altamente valiosas para a indústria farmacêutica. De acordo com K.P. Popov (1979), as próprias folhas contêm até 18% de taninos, que são utilizados para produzir corantes para colorir tecidos em diferentes tonalidades.

O verdadeiro pistácio (o único representante do numeroso género Pistacia) é uma árvore valiosa que dá frutos comestíveis, os chamados pistácios, que receberam reconhecimento mundial devido a um complexo de propriedades valiosas. Desde a antiguidade, os pistácios são considerados uma iguaria pela população dos países de Leste, e a árvore que dá estes frutos é uma "árvore dourada" ou "ouro verde", pois constitui não só uma fonte de rendimento, mas também o seu meio de subsistência.

O habitat do pistácio selvagem na Ásia Central (Uzbequistão, Tajiquistão, Turquemenistão, Sul do Quirguizistão, Sul do Cazaquistão) está confinado às encostas e sopés das montanhas mais quentes de praticamente todos os cumes com forma de relevo acumulativa, com cobertura de solos cinzentos desenvolvidos em loess.

A este respeito, consideramos necessário sublinhar que o pistácio verdadeiro, caracterizado por uma tolerância excecional à seca, uma resistência ao calor e uma resistência relativamente elevada à geada, se adaptou, ao longo da sua evolução, às diversas condições naturais e climáticas da região da Ásia Central.

Tudo isto caracteriza o pistácio como uma espécie excecionalmente plástica e adaptada e abre grandes perspectivas para a sua introdução na cultura em várias condições naturais e ecológicas das repúblicas da Ásia Central. É igualmente importante o facto de o pistácio não só ser uma planta valiosa para a produção de frutos secos, mas também desempenhar um enorme papel de proteção do solo e da água na zona dos contrafortes semidesérticos do sul da Ásia Central, melhorando o microclima das áreas adjacentes.

Analisando o acima exposto, é necessário sublinhar que o pistácio verdadeiro é um fenómeno natural valioso na zona árida do sul da Ásia Central. A preservação e o repovoamento desta espécie na sua terra natal original - a Ásia Central, no âmbito da resolução dos problemas de conservação e reforço das funções de proteção da natureza do pistácio verdadeiro nas zonas montanhosas e de sopé, revestem-se de grande importância para toda a região da Ásia Central.

CAPÍTULO 2: Amplitude de distribuição do pistácio na Ásia Central.

(re)O género Pistacia vera L- pistachio da família Anacardiaceae (Anacardeacea Linne) compreende cerca de 20 espécies de pequenas árvores e arbustos de folha perene e de folha caduca, distribuídas principalmente nas regiões subtropicais e tropicais do hemisfério norte.

Apenas uma espécie cresce nas repúblicas da Ásia Central - o verdadeiro pistácio (ou comestível ou nobre) - Pistacia vera L. O verdadeiro pistácio foi descrito por C. Linnaeus em 1733, daí Pistacia vera Linne.

A área de distribuição natural do pistácio verdadeiro na Ásia Central está confinada às montanhas baixas dos sistemas montanhosos de Tien Shan, Pamir-Alai e Kopetdag e caracteriza-se por uma extensão bastante considerável no sistema de coordenadas geográficas - do sopé da cordilheira do Quirguizistão [$43^{0}13^{*}$N] ao sopé de Paropamiz $^{[35(0)5(*)\ S]\ de\ norte\ a\ sul}$, do desfiladeiro de Boam no sopé da cordilheira do Quirguizistão $^{[35(0)5(*)\ S]}$.N) até aos contrafortes de Paropamiz ($35^{0}5^{(*)}$ S) de norte para sul, do desfiladeiro de Boam dos contrafortes da cordilheira do Quirguizistão ($75^{(0)}45$ E) até ao sudoeste de Kopetdag ($55^{(0)}4^{*}$ W) de leste para oeste (Bulychev 1969; Kamelin, 1973). De acordo com K.P.Popov (1979), a extensão da distribuição do pistácio de norte a sul é de 800 km, de este a oeste - cerca de 1300 km. A amplitude altitudinal da distribuição do pistácio é também grande, de 500 (600) a 1800 (2000m) acima do nível do mar.

Há informações fiáveis de arqueólogos (Lisitsina, 1972) de que, na Idade da Pedra (há mais de 1000 anos), a área de pistácio na Ásia Central ocupava mais de 2 milhões de hectares, embora nos tempos modernos, infelizmente, devido a actividades humanas por vezes irracionais (corte, pastoreio, etc.), não exceda 250 mil hectares. Só nas últimas décadas, no Usbequistão, a área de matas naturais de pistácio diminuiu de 70 mil ha para 12 mil ha.

O confinamento do pistácio a certos sistemas montanhosos separados uns dos outros e algumas diferenças nas condições naturais e climáticas que lhes são inerentes permitem distinguir três regiões principais de distribuição natural do pistácio na Ásia Central:

1. Tien-Shan (norte) - inclui os pistácios (cerca de 30 mil ha) do sul do Quirguizistão, que crescem no sopé das cordilheiras de Fergana e Changyr-Tash, a altitudes relativas de 800 a 1600 m acima do nível do mar, confinados a paisagens geomorfológicas desérticas e de terras baixas. A mesma região, sob a forma de pequenas "ilhas" e povoamentos esparsos, inclui pistácios do norte do Quirguizistão (sopé da cordilheira do Quirguizistão), do Uzbequistão (cordilheiras de Pskem e Chatkal), do sul do Cazaquistão (Talas Alatau e Karatau) e do norte do Tajiquistão (cordilheira de Kuramin).

2. Pamir-Alai (central), que inclui florestas de pistácio do sul do Tajiquistão (cerca de 115 mil ha), do sul do Uzbequistão (cerca de 12 mil ha) e do leste do Turquemenistão (5 mil ha). No Tajiquistão, o pistácio cresce ao longo das seguintes cristas: Pripyanji Karatau, Tereklitau, Gazimailik, Aruktau, Sarsaryak, Chaltau; no Uzbequistão - crista Babatag; no Turquemenistão - crista Kushtagtau, com um limite inferior de altitude de 500 (600) m acima do nível do mar e um limite superior de 1500 (1600) m acima do nível do mar.

Figura 2: Crista de Tereklitau, Tajiquistão

3. Kopetdagh (sul), inclui o pistácio sudoeste Turquemenistão, sob o nome geral de Batkhyz (Bosque de Kushkinskaya, Bosque de Pul-Khatum, Reserva de Badkhyz). As árvores de pistácio (cerca de 75 000 ha) são

bastante esparsas (não mais de 40 árvores por ha), crescendo ao longo das chamadas "colinas" dos sopés de Paropamiz e Kopetdag, com altitudes de 600-1200 m acima do nível do mar.

O clima das três regiões tem um carácter continental distinto, com fortes flutuações sazonais e diárias dos elementos meteorológicos. As temperaturas máximas absolutas do ar (julho) podem atingir +48^{0}C, as mínimas absolutas no mês mais frio (janeiro) descem até -30^{0}C, e mesmo até -40(^{0})C ao longo da fronteira norte da região (Quadro 1).

Tabela 1.

Alguns elementos do clima da área de cultivo do pistácio na Ásia Central (700-1300m.a.s.l.)

№	Região	Precipitação anual, mm	Ar t absoluto		Fundo médio t^0 ar	Médias mensais t^0 ares	
			papoila	min		janeiro	julho
1	Tien Shan: Norte do Quirguizistão	418	38	-40,1	10,3	-3,6	24,4
	Sul Quirguizistão,	400	39	-28,0	13,3	-0,6	26,6
	Cazaquistão do Sul	686	41	-30,0	11,7	-2,9	25,6
2	Pamir-Alai: Sul	436	44	-27,4	14,7	-0,3	28,7
	Tajiquistão Sul do Usbequistão	360	47	-25,0	16,0	+3,0	29,2
3	Kopetdagh Badkhyz	289	48	-33,0	14,5	+3,5	28,1

+ As temperaturas médias mensais perenes do ar na dinâmica sazonal variam entre +24,4-26,6^{0}C (julho) e -0,3 +3,5$^{(0)}$C (janeiro), com uma temperatura média anual do ar para as três regiões de 13,2$^{(0)}$C (de 10,3^{0}C no limite norte da faixa a 16,00C - no limite sul).

E como testemunham os dados da Tabela 2 sobre o gradiente de temperatura e a soma da precipitação anual, os limites norte, central e sul desta distribuição rochosa diferem entre si.

Quadro 2

Condições climáticas na cintura do pistácio na Ásia Central em Tien Shan, Pamir-Alai e Badkhyz.

Pontos de observação das estações meteorológicas	Precipitação média anual, mm	Temperatura média anual do ar 0C	Temperaturas absolutas do ar		Autores
			máximo.	mínimo.	
1. Kara-Archa (cume do Quirguistão, perto do trato de Almaly)	390	7,7	40,1	-40,1	A.S.Bulychev (1970).
2. Jalal - Abad (Cordilheira de Fergana)	350-403	13,1	41,0	-28,0	V.E.Ozolin (1969).
3. Parte norte da crista de Babatag	360	16,0	47,0	-25,0	E.I.Moskvina (1968)
4. Gandjina (Sul do Tajiquistão, crista de Aktau)	339	14,5	43,0	-20,5	Quadros das estações meteorológicas para 1953-1972.
5. Kushka (sul do Turquemenistão, Badkhyz)	289	14,4	48,0	-33,0	Livro de referência sobre o clima da URSS, número

					30 1966-1969

Os dados dos quadros mostram que o clima no norte e no sul da área de distribuição é nitidamente continental. O pistácio verdadeiro, sendo uma planta subtropical, resiste a geadas até -40^0 no norte do Tien-Shan. De acordo com A.S. Bulychev (1970), não se observam vestígios de congelação. Ao mesmo tempo, esta árvore resiste a temperaturas estivais até 47^{0}48^{0}C. A soma da precipitação diminui gradualmente de norte para sul e não atinge menos de 300 mm por ano no sul. De junho a setembro, a superfície do solo aquece até 7075^0. No verão, à medida que as temperaturas diurnas aumentam, a humidade relativa diminui para 12-15%, resultando num aumento acentuado da evapotranspiração.

O principal fator ecológico que limita o estado do pistácio nas montanhas baixas e nos contrafortes do sul da Ásia Central é o regime de temperatura e a humidade do solo. As temperaturas elevadas do verão não provocam uma supressão notável do crescimento e do desenvolvimento do pistácio resistente ao calor e amante do calor. Em geral, a redução da vitalidade desta raça é observada no período estival, quando os ventos do sudeste do Afeganistão, os chamados (afegãos), que têm um efeito de secagem no clima das partes meridionais da região e noutros anos causam queimaduras de frutos não formados. As geadas tardias da primavera também causam certos danos ao pistácio, que são especialmente destrutivos durante o período da sua floração em massa (1-2 década de abril).

Foi estabelecido que, para o crescimento e desenvolvimento normais do pistácio em toda a região de cultivo na Ásia Central, são necessárias temperaturas médias diárias estáveis do ar superiores a +5^{0}C, não inferiores a 3400^0; superiores a +10$^{(0)}$C, não inferiores a 3200; superiores a +20^{0}C, não inferiores a 2000-2200$^{(0)}$C. A duração média do período de vegetação deve ser de 200 dias ou mais, e o período sem geadas não deve ser inferior a 160 dias.

Precisamente, os gradientes de temperatura acima mencionados restringem o crescimento do pistácio em altitudes hipsométricas elevadas (acima de 1400 m), especialmente a formação de rendimento e causam o seu crescimento esporádico na fronteira norte da sua área de distribuição (sul do Cazaquistão e norte do Quirguizistão) - (Quadro 3).

Quadro 3 Índices térmicos da época de crescimento do pistácio na sua zona natural de crescimento na Ásia Central.

Wysocki - ta m n.u.m.	Soma das temperaturas médias diárias positivas p			Duração do período com temperaturas superiores a					
	+50	+100	+200	+50		+100		+200	
				Cf. datas de transição a	Dias decorridos	Cf. datas de transição a	Duração em dias	Cf. datas de transição	Prolongado em dias x
500 700	5810	5565	4110	18,02 30,11	287	24,0209,11	258	08,05 - 15,10	160
800 1000	5020	4760	3130	22,02 12,11	263	15,03 30,11	229	17,05 - 28,09	134
1100 1300	4090	3890	2130	16,03 10,11	239	12,04 27,10	198	08,06 - 10,09	94
1400-	3650	3510	1940	24,03-	221	13,04-	189	08,06	93
1600				31,10		9,10		- 09,09	
Mais de 1.600	3020	2520	1230	05,04 30,10	209	15,04 09,10	177	15,06 - 04,09	81

A precipitação anual, que atinge uma média de cerca de 350 mm, diminui gradualmente de nordeste para sudoeste, de 418 mm no sopé da cordilheira do Quirguistão para 290 mm em Badkhyz. Mudando as coordenadas geográficas, a precipitação anual, ao mesmo tempo, em cada região, varia consoante o perfil vertical, aumentando gradualmente à medida que o terreno se eleva acima do nível do mar - de 200-250 mm a altitudes de 500600 m (cordilheira de Nurata, Uzbequistão), até aos contrafortes semidesérticos de Paropamiz no Turquemenistão e até 450 (600 mm) a altitudes de 1300 e mais metros acima do nível do mar (cordilheira de Rangentau no Tajiquistão, cordilheira de Kirghiz no norte do Quirguizistão).

A dinâmica sazonal da precipitação é também muito peculiar. O seu máximo (até 88%) cai no período inverno-primavera. Os meses mais chuvosos são março e abril, que representam cerca de 35% da precipitação anual. No verão, o período mais quente, estão praticamente ausentes.

Os solos da zona do pistácio da Ásia Central, com exceção dos solos castanhos e castanho-carbonatados da cordilheira do Quirguizistão, são principalmente do tipo serozem. O regime hídrico dos solos cinzentos na zona do pistácio corresponde à zona de humidade extremamente insuficiente. Assim, é evidente a grande importância da biocenose vegetal nestas condições para o pistácio resistente à seca, que, tendo uma grande flexibilidade adaptativa, se adapta bem a vários tipos de solos, diferentes em termos de composição mecânica, estrutura, propriedades físicas e arejamento. No entanto, estando bem adaptado a condições de solo difíceis, o pistácio não tolera a salinidade excessiva e o excesso de água. Prefere os solos franco-arenosos e franco-argilosos, bem drenados. Cresce muito bem em solos típicos e cinzentos escuros. A resistência do pistácio manifesta-se não só pelo facto de tolerar os efeitos de temperaturas elevadas (até $+40^{0}$C) do ar, mas também por não sofrer com as temperaturas baixas (até -40^{0}C) do ar durante o período de dormência invernal no limite norte da sua área de distribuição.

A estrutura dos pistácios da Ásia Central caracteriza-se por uma copa esparsa e sistemas radiculares fechados. Quanto mais secas forem as condições, quanto menor for a humidade do solo, mais os sistemas radiculares se estendem no horizonte superior do solo, proporcionando à árvore um crescimento e desenvolvimento normais período seco do verão. Por conseguinte, não é acidental que no extremo sul da área de Badkhyz, nas condições mais extremas de crescimento do pistácio em termos de disponibilidade de humidade, a densidade do povoamento seja de 0,1-0,2 (30-40 árvores por hectare), enquanto nas regiões de Pamir-Alai e Tien Shan, com um regime hidrotérmico mais moderado, a densidade do povoamento de pistácio aumenta para 0,3-0,4 (70-80 árvores por hectare). Em pequenas parcelas individuais com um teor de humidade mais elevado, crescem até 120-150 árvores por hectare.

Analisando o que precede, é de notar que o pistácio verdadeiro é um fenómeno natural muito valioso na zona árida do sul da Ásia Central (re) O pistácio é também cultivado na Península de Apsheron, na Crimeia (Voinov, 1948), na Moldávia, na Transcaucásia, na Geórgia, em Kakheti, no Daguestão (Fedorov, 1957). Os pistácios mais antigos são indicados para a Crimeia, onde foi introduzido no final do século XVIII e início do século XIX. Entre os países europeus que cultivam pistácio, o primeiro lugar é ocupado pela Itália, onde é cultivado nas ilhas da Sicília e da Sardenha. O pistácio é igualmente cultivado em França, Espanha, Portugal e Grécia.

No Norte de África, o pistácio cultivado é sobretudo cultivado na Tunísia e na Argélia. O pistácio é muito cultivado na Síria, na Líbia, na Messopotâmia, no Iraque, na Califórnia, no México, no Texas e no Arizona (Belyaeva, 1938; Lemaistre, 1959).

Conclusões: As condições **ecológicas** do cultivo do pistácio real nas três regiões da Ásia Central caracterizam-se por um clima acentuadamente continental, em que as temperaturas máximas do ar atingem +48°C, e as mínimas -30°C, e ao longo da fronteira norte -40$^{(o)}$C. As temperaturas médias mensais em julho são de +24,4 -26,6°C, com uma temperatura média anual do ar nas três regiões de +13,2°C, e a superfície do solo é muito quente, atingindo 70-75°C

- A humidade relativa diminui nestas condições ambientais para 12-15%, resultando num aumento dramático da evapotranspiração.

- Para as regiões meridionais, o declínio do pistácio é real durante o período quente do verão, quando sopram do Afeganistão os ventos ditos "afegãos", que têm um efeito de secagem no clima.

- O principal fator ecológico que limita o estado do pistácio nas montanhas baixas e nos contrafortes do sul da Ásia Central é o regime de temperatura e a humidade do solo.

- As geadas no final da primavera são muito perigosas durante o período de floração em massa do pistache (I e III décadas de abril).

- Nas três regiões da Ásia Central, para o crescimento e desenvolvimento normais do pistácio, são necessárias somas de temperaturas médias diárias estáveis do ar superiores a +5°C e não inferiores a -3400°C; superiores a +10°C e não inferiores a 3200°C; superiores a +20°C e não inferiores a 2000-2200[(o)]C.

- Uma importante caraterística ecológica de toda a Ásia Central é a precipitação anual de 350 mm em média, que diminui gradualmente de nordeste para sudoeste - de 418 mm no sopé da cordilheira do Quirguistão para 289 mm em Badkhyz.

- A quantidade anual de precipitação em cada distrito varia consoante o perfil vertical. Em altitudes mais baixas (500600m), a precipitação média anual é de 200-250mm, - (sopé da cordilheira de Nurata), 450-600mm em altitudes de 1300 e mais metros acima do nível do mar (cordilheira de Rengentau no Tajiquistão, cordilheira de Kirghiz no norte do Quirguizistão).

- As caraterísticas ecológicas incluem as diferentes condições do solo do pistácio nas três regiões. Assim, os solos da cordilheira do Quirguizistão são castanhos e de carbonato castanho, enquanto nas outras regiões os solos são principalmente de tipo terra cinzenta. O pistácio tem capacidade de adaptação e adapta-se bem a uma variedade de tipos de solo, diferentes em termos de composição mecânica, estrutura, propriedades físicas e arejamento. Bem adaptado a condições edáficas difíceis, o pistácio não tolera de todo a salinidade excessiva e o excesso de rega, preferindo solos franco-argilosos e argilosos, bem drenados, de tipo terra cinzenta (repetir).

Assim, com base nas peculiaridades ecológicas da cultura do pistácio na Ásia Central, pode afirmar-se que, a norte da fronteira da área de distribuição, no sul do Quirguizistão, cresce apenas entre 800 e 1600 m de altitude; na região de Pamir-Alai (Central) - sul do Uzbequistão, sul do Tajiquistão - o pistácio cresce entre 500 e 1800 m de altitude, e na região de Kopetdagh (região meridional), que inclui os pistácios do sudoeste do Turquemenistão, sob o nome comum de Badkhyz, cresce a altitudes de 600 a 1200m.

A ampla distribuição geográfica e altitudinal do pistácio verdadeiro na Ásia Central atesta, em primeiro lugar, a elevada adaptação desta espécie resistente às diferentes condições naturais e climáticas da região da Ásia Central e, consequentemente, as possibilidades territoriais ilimitadas da sua introdução na cultura.

CAPÍTULO 3 Morfologia e biologia do pistácio verdadeiro

O pistácio é uma árvore baixa de 3 a 4 (raramente 5-7 m) de altura, maioritariamente multifoliada, constituída por numerosos troncos de idade e diâmetro diferentes. A sua copa tem a forma de um grande arbusto, como todas as árvores que gostam de luz, é bastante solta, o tipo de ramificação é simpodial. Há geralmente três troncos por árvore, com um diâmetro médio do tronco em povoamentos de meia-idade (60-80 anos) de 17 a 25 cm. A uma altura relativamente baixa da árvore, a copa atinge 4-5 metros de diâmetro. A casca do tronco dos ramos velhos é fissurada longitudinalmente, cinzento-acastanhada; a dos ramos jovens é larga, cinzenta-acinzentada; a dos ramos e rebentos anuais é lisa, castanho-avermelhada. Botões vegetativos com 0,6-0,7 cm de comprimento, amplamente ovados, castanhos, com tonalidade avermelhada. Escamas amplamente ovadas, até 0,5 cm de comprimento, fortemente pubescentes no meio e ao longo dos bordos. O indicador morfológico da estrutura das folhas do pistácio é muito importante. As folhas têm uma forma complexa - três a cinco folíolos, com exceção de um, dois (três) folíolos. No início da primavera, no início da vegetação, as folhas são finas, muito delicadas, depois tornam-se espessas, coriáceas. Os folíolos são, na sua maioria, ovados-arredondados, menos frequentemente oblongos, arredondados ou largamente lanceolados, por vezes quase quadrados, permanentemente acuminados no ápice, com uma extremidade curta e afiada, menos frequentemente arredondados e truncados, com sete a oito cm de comprimento e cinco a seis cm de largura, por vezes a largura do folíolo é quase igual ao comprimento ou, pelo contrário, duas vezes inferior a este. A base é arredondada ou amplamente cuneiforme, transformando-se por vezes gradualmente num pecíolo. Os folíolos são quase sésseis na parte superior, especialmente ao longo das nervuras, com pêlos curtos. No período de desdobramento da folha, são densamente pilosos e lanosos ao longo do bordo das nervuras. A estrutura anatomomorfológica da folha do pistácio reflecte as condições de crescimento desta espécie e caracteriza as suas propriedades de adaptação aos factores ambientais. Em condições extremas de disponibilidade de humidade, nos contrafortes semidesérticos da região, onde a precipitação anual não excede os 200 mm, a folha do pistácio é simples e consiste num (raramente três) folíolos pequenos com 3-4 cm de comprimento e 2-3 cm de largura. Nas melhores condições, a folha do pistácio é complexa, consistindo em cinco ou mesmo sete folíolos grandes com até 15 cm de comprimento e 12 cm de largura. O mesofilo da folha é constituído por cinco a sete filas de parênquima paliçádico, o parênquima esponjoso está ausente, o que indica uma elevada heliofilicidade do pistácio (é uma planta de habitats soalheiros), pelo que o pistácio tem uma coroa esparsa, iluminada em todas as folhas. O pecíolo é densamente peludo no início da vegetação, até mesmo lanoso, bastante espesso.

A clorofila está distribuída uniformemente pelas células do mesofilo. As epidermes superior e inferior são constituídas por células altas, isodiamétricas, de paredes espessas e com uma cutícula espessa, que confere rigidez às folhas. Os estomas e os pêlos estão distribuídos uniformemente em ambos os lados da epiderme. Os pêlos são unicelulares, glandulares. De acordo com E.I. Adamovich e B.N. Norin (1954), as nervuras das folhas têm passagens resinosas que passam para o estigma.

Os botões do pistácio começam a inchar na primeira década de março. Nos primeiros dias de abril, abrem-se. No final da primeira década de abril, as folhas começam a aparecer e só no final de abril ou no início de maio se desdobram completamente. A folhagem de outono começa em novembro.

O pistácio é uma planta dicotiledónea, com flores unissexuais dispostas em panículas compostas. As flores pistiladas estão dispostas em panículas soltas, oblongo-ovais, com até 6 a 8 cm de comprimento e 2 a 4 de largura. As panículas com flores estaminadas são compactas, ovais-arredondadas, com um comprimento de 4 a 6 cm e uma largura de 3 a 5 cm. A flor estaminada tem um perianto simples de dois a seis folíolos oblongos, muito finos, cobertos de pêlos brancos curtos e penugentos em toda a superfície. Os estames são de três a cinco, com anteras grandes. Os grãos de pólen do pistácio são achatados-esferoidais, com um eixo polar curto, de 32,4 a 36 mm, com poros arredondados ou largamente ovais, em número de 5 a 6 (7). Os bordos dos poros são lisos, ligeiramente espessos. Os grãos na superfície das membranas dos poros são reunidos num teto arredondado ou oblongo (Kupriyanov,1961). A flor pistilada é constituída por cinco folíolos periantos lanceolados a oblongos, finos, quase peludos, cobertos de pêlos curtos e felpudos em toda a superfície. Pistilo com 3 mm de comprimento, ovário arredondado, estigma tri-dividido, com folhas lameladas, dobradas para baixo.

Os botões florais nascem nos rebentos do ano em curso, no final de maio ou no início de junho, após a cessação do crescimento do ano anterior à floração. Os botões ficam completamente formados no inverno. A floração do pistácio começa em abril. Esta floração tardia é causada pela grande sensibilidade do pistácio às baixas temperaturas, nomeadamente durante o abrolhamento, embora no estado de dormência invernal possa tolerar geadas de -30°C sem qualquer dano (Blinovsky et al., 1957). A floração das árvores masculinas e femininas é observada com um intervalo de 5-6-10 dias. O momento do início da floração pode variar até 5-8 dias, dependendo das condições climáticas do ano. O período de floração de uma árvore com flores femininas é de 5 a 9 dias, com flores masculinas é geralmente mais curto: 5-7 dias. Um maior número de árvores masculinas na plantação, com uma maior amplitude de floração, garante uma polinização normal. O período de floração de uma flor, contado desde o início do desdobramento dos lóbulos do estigma até ao seu desaparecimento - de 24 a 60 horas.

Os frutos são recolhidos em cachos de 12-22 cm de comprimento e 6-12 cm de largura. Os ossos do fruto encontram-se num pedúnculo espesso e bastante longo e são constituídos por pericarpo, proteína nutritiva e embrião. O pericarpo subdivide-se em epicarpo, mesocarpo e endocarpo. De acordo com V. A. Nassonov (1934), o epicarpo (bainha exterior) tem todas as caraterísticas semelhantes às da epiderme foliar, diferindo desta apenas pelo facto de as paredes celulares serem mais finas, os estomas serem maiores e existirem em menor número por unidade de área. A mesocarpia (polpa da bainha do fruto) é constituída por feixes vasculares-fibrosos com um sistema vascular fortemente reduzido e passagens excretoras desenvolvidas no floema. No início do amadurecimento, o mesocarpo é suculento e resinoso; na maturidade completa, seca. O endocarpo (bainha óssea dura) ou ossículo é constituído por células pétreas.

A semente é constituída por dois aquénios verdes, muito carnudos, com o embrião entre eles. Na maturidade completa, o epicarpo e o mesocarpo caem e o endocarpo abre-se na sutura. O pistácio é frequentemente dividido em pistácios "que abrem" e pistácios "que não abrem". O grau de abertura do endocarpo é considerado uma caraterística varietal, mas como demonstram Spinae e Penoisi (Spinae, Penoisi 1957), esta caraterística pode ser regulada por uma lavoura adequada, fertilização e localização em áreas naturais apropriadas. A forma e o tamanho dos pistácios são muito variáveis. Na maior parte dos casos, são arredondados, alongados e até curvos, com a parte superior arredondada ou em forma de cone. Quanto à cor, o pericarpo dos frutos maduros e maduros pode apresentar até 15 tonalidades (do branco, rosa ao azulado). O comprimento do caroço, com flutuações de 1,2 - 2,5 cm, em média é igual a 1,9 - 2,0 cm, a largura com flutuações de 0,9 - 1,4 cm, em média varia de 0,4 a 1,5 g, os frutos secos mais comuns são 0,7 - 0,8g. Segundo E.E. Kern (1931), os frutos do pistácio, a partir dos quais se desenvolvem os machos, são colocados na parte superior das inflorescências. O rendimento depende em grande parte da idade e das condições em que o pistácio cresce. De acordo com autores estrangeiros (Avanzato D, Monastra F. 1982, 1983, etc.), as árvores com 100 anos ou mais, mesmo cultivadas em pomares, não produzem mais de 20 kg. Nas florestas naturais de pistácios de Babatag (Uzbequistão), segundo I.K. Trosko (1937, 1940), o rendimento das árvores de meia idade (50-70 anos) não ultrapassa geralmente 1-3 kg por árvore. Os anos mais produtivos são os que vão do segundo ao terceiro ano. Em condições naturais, o pistácio cresce muito lentamente. Atinge uma altura de 1 m em 3-5-7 anos, e 2 m em 5-25 anos. Ao estudar os sistemas radiculares do pistácio, a raiz vertical cresce intensamente no primeiro ano. No momento em que as folhas aparecem à superfície do solo (fim de março), a raiz consegue penetrar a uma profundidade de 20-25 cm. Um mês mais tarde, as raízes penetram a uma profundidade de 40-50 cm. No final do primeiro ano, quando a altura da parte acima do solo da plântula não é superior a 9-10 cm, a raiz aprofunda-se até 100 (150) cm. Nos primeiros 3 - 4 anos, com um crescimento muito lento do pistácio em altura, as raízes continuam a aprofundar-se e a ramificar-se; aos 5-6 anos o seu comprimento é igual a 3 m, e aos 15-20 anos o crescimento horizontal das raízes é bem marcado.

Assim, a estrutura anatomomorfológica da folha do pistácio reflecte as condições de crescimento e caracteriza as suas propriedades de adaptação às condições climáticas. Nas condições mais adversas, nos contrafortes semidesérticos da cordilheira, onde a precipitação anual não excede 200 mm, a folha do pistácio é simples e consiste num (raramente três) folíolo pequeno com 3-4 cm de comprimento e 2-3 cm de largura. Nas melhores condições, com precipitações anuais de 300-450 mm, a folha do pistácio é complexa e consiste em 5 ou mesmo 7 folíolos grandes com até 15 cm de comprimento e 12 cm de largura.

Os estomas do pistácio estão localizados nas faces superior e inferior da folha e as suas propriedades adaptativas são a sua ampla abertura durante todo o período de luz do dia, bem como o seu grande número, de 250 a 450 pcs/cm^2, que também depende dos diferentes locais de crescimento, adaptando-se às condições dadas. Outra propriedade adaptativa do pistácio em termos de caraterísticas morfológicas é a sua floração com intervalos diferentes - em 5 -6 - 10 dias. A particularidade biológica e morfológica do pistácio é o desenvolvimento de um poderoso sistema radicular, que já no primeiro ano cresce e atinge uma profundidade de 100 (150) cm, desenvolvendo-se depois raízes horizontais com uma enorme rede de pequenas raízes sugadoras. Esta adaptabilidade do pistácio ao desenvolvimento de um poderoso sistema radicular em diferentes condições edafoclimáticas é uma das principais propriedades adaptativas, pois cria uma enorme área de abastecimento de humidade para esta espécie única em toda a Ásia Central.

CAPÍTULO 4 - Evidências sobre a resistência e adaptação das plantas seca (revisão da literatura)

Uma etapa importante no estudo das plantas em habitats áridos está relacionada com os trabalhos de N.A.Maksimov "Sobre as questões da resistência das plantas à seca, - escreve N.A.Maksimov, (1927, 1929-1937) não temos quaisquer resumos". O autor recolheu e sistematizou informações sobre este problema, que são apresentadas na monografia "Bases fisiológicas da resistência das plantas à seca" (1926).

N.A.Maksimov demonstrou, através dos seus dados experimentais sobre a intensidade da transpiração, em combinação com outros estudos anatómicos e morfológicos, que a maioria das xerófitas, em comparação com as mesófitas, se caracteriza não por uma redução, mas pelo contrário - por um aumento da intensidade da transpiração, que é promovida pela estrutura xeromórfica, uma vez que uma grande rede de veias e um maior número de estomas contribuem para uma melhor remoção da água. A tolerância à seca é definida por N.A. Maksimov como a capacidade de tolerar a desidratação, de lidar facilmente com a murcha prolongada e com o mínimo de danos para a planta e para o seu rendimento. Infelizmente, esta definição, que reflecte a estreita especificidade fisiológica das plantas tolerantes à seca, tem sido frequentemente utilizada para determinar a sobrevivência de uma grande variedade de plantas sem uma caraterização clara da sua afiliação ecológica.

I.M.Vasiliev (1931) apresenta uma série de conclusões importantes com base em estudos ecológicos de plantas no deserto de Kara-Kum. Na sua opinião, o conceito de murcha de N.A.Maksimov não se aplica a todas as plantas de territórios áridos, mas apenas àquelas que vivem em condições em que os períodos secos são substituídos por períodos húmidos.

I.M.Vasiliev (1936) propõe uma classificação mais detalhada, a saber: divisão da tolerância à seca em biológica, fisiológica e agronómica. Esta classificação não conseguiu resolver as controvérsias existentes sobre esta questão, devido ao significado particular do fenómeno da tolerância à seca.

Um grande contributo para a sistematização das plantas dos habitats áridos do ponto de vista ecológico foi dado por P.A.Genkel (1939,1946) que, com base num estudo experimental e numa generalização teórica, apresenta a seguinte classificação ecológica e fisiológica dos xerófitos: 1) suculentas; 2) euxerófitos; 3) hemixerófitos; 4) poiquiloxerófitos.

P.A. Genkel sugere que o conceito de "xerófito" deve ser interpretado apenas no sentido ecológico, sem introduzir o sentido fisiológico, uma vez que as formas de luta dos xerófitos contra a seca são muito diversas e a avaliação fisiológica pormenorizada só é possível para grupos separados de xerófitos. P.A.Genkel dá uma definição mais precisa de tolerância à seca, salientando a sua especificidade fisiológica. Segundo Genkel, a tolerância à seca é "a capacidade das plantas para tolerar a desidratação e o sobreaquecimento" (1946).

Muitos cientistas utilizaram a tolerância à seca como um conceito de "xerófito". Assim, a identificação completa do conceito de "xerófito" e de "tolerância à seca", substituindo um termo por outro, causou grande dificuldade e foi a causa de muitas incoerências e contradições sobre esta questão.

Com o desenvolvimento da química e da física estruturais, as questões do regime hídrico são objeto de uma maior atenção. Os trabalhos experimentais de A.M. Alekseev (1937; 1948; 1957; 1969) e N.A. Gusev (1956; 1959; 1966) devem ser registados nos estudos do regime hídrico das plantas em relação com a sua resistência à seca. Estes autores estabeleceram que as alterações no estado estrutural da água durante a seca causam perturbações profundas na estrutura das moléculas de proteínas e nas funções vitais. Em condições de seca, os processos bioquímicos das plantas também se alteram. Nas primeiras fases do défice hídrico, verifica-se um aumento da degradação do amido. A desidratação é acompanhada por um aumento geral dos processos de decomposição de compostos de hidratos de carbono de elevado peso molecular em monose. O aumento das reacções hidrolíticas deprime a atividade fotossintética dos tecidos vegetais assimiláveis. A falta de humidade e a temperatura elevada levam à interrupção do curso dos processos básicos da vida. Assim, a seca provoca a intensificação das reacções hidrolíticas e o atraso dos processos sintéticos (Sisakyan, 1940). Os trabalhos de investigação de V.N.Zholkevich (1968) são dedicados ao estudo da energia da respiração em condições de défice hídrico.

Os trabalhos sobre a anatomia das plantas áridas merecem atenção. Por exemplo, V.K. Vasilevskaya (1954) verificou que as xerófitas e as mesófitas não apresentam diferenças acentuadas na estrutura das folhas devido à diversidade dos seus habitats.

A análise do historial dos estudos sobre a viabilidade das plantas em condições de seca mostra que a tolerância e a adaptação das plantas à seca foram investigadas principalmente em termos de desidratação. A influência de outro fator importante da seca - a temperatura - foi estudada recentemente. Os primeiros trabalhos sobre esta questão foram efectuados por N.A. Khlebnikova (1937), N.S. Petinov e Y.G. Molotkovsky (1957).

Atualmente, muitos investigadores estão a trabalhar no problema da fisiologia e bioquímica da tolerância das plantas ao calor. O efeito da desidratação e das altas temperaturas no metabolismo das proteínas e dos ácidos nucleicos das plantas foi estabelecido (Altergot et al., 1966)

Foram efectuados numerosos estudos sobre a fisiologia ecológica das plantas áridas. Uma grande contribuição foi dada por L.A.Ivanov (1963), B.Z.Huseynov (1952, Y.L.Celniker (1955-1969), M.D.Kushnirenko (1967). Estes autores trabalharam em diferentes zonas climáticas, determinando vários indicadores e obtiveram informações muito importantes sobre as peculiaridades ecológicas das plantas das zonas áridas.

4.1. O regime hídrico como indicador da resistência e adaptação das plantas à seca.

Os estudos sobre o regime hídrico são realizados em diferentes direcções: as mudanças nos indicadores do regime hídrico são investigadas sob diferentes humidades do solo e em diferentes zonas florestais (Petinov, 1954; Celniker, 1955;1958 Troitskaya 1959).

Alguns investigadores consideram a reversibilidade da desidratação e o aumento da quantidade de água ligada como um critério para determinar a resistência das plantas à seca (Kenesarina, 1959; Tereshin, 1960; Kalugin, 1960). Outros cientistas atribuem grande importância na troca de água à intensidade da transpiração (Blagoveshchensky e Bogracheva, 1955; Krasulin e Pankratova, 1957) e outros. Os cientistas realizaram trabalhos mais aprofundados sobre o estudo do regime hídrico em ligação com o metabolismo.

Estudos sobre o regime hídrico de xerófitos e mesófitos da montanha do Tajiquistão foram efectuados por M.I.Matveev (1948, 1953). Determinou os seguintes parâmetros: intensidade da transpiração, teor total de água, poder de sucção das folhas e movimento dos estomas em amendoeiras e nogueiras de Bukhara. Com base nos estudos obtidos, são tiradas conclusões sobre a viabilidade ecológica da gama de variabilidade dos indicadores estudados. M.N.Sazonova (1968) afirma que um sinal caraterístico da adaptação das plantas a condições de temperatura elevada é uma grande labilidade do processo de transpiração.

4.2. Terminologia utilizada no estudo da adaptação à seca em plantas lenhosas

Como testemunha K.A. Akhmatov (1976), o termo "tolerância à seca" foi adotado por muitos cientistas como o termo principal no estudo da viabilidade das plantas em habitats áridos. A capacidade das plantas para crescerem em condições áridas foi avaliada principalmente pelo grau de resistência das células e órgãos à desidratação.

Muitas plantas do tipo pistácio, através de uma variedade de adaptações (sistema radicular profundo, etc.), sofrem pouca ou nenhuma desidratação significativa.

A visão atual da desidratação é limitada e o termo "tolerância à seca" deve ser utilizado num sentido "fisiológico", devendo ser utilizada uma expressão mais sucinta para caraterizar a capacidade de crescimento de diferentes plantas, permitindo uma variedade de formas de funcionamento das plantas em condições de seca.

Esta exigência é satisfeita pelas palavras "adaptação" e "adaptação", cujo significado começou a alargar-se e a clarificar-se nos últimos anos devido à penetração mútua de ideias e princípios da biologia e da tecnologia.

V.K.Labutin (1970) salienta que, embora o termo "adaptação" tenha sido utilizado na literatura biológica durante muito tempo, nos últimos anos ocorreram mudanças qualitativas na clarificação do seu conteúdo devido à formação e desenvolvimento das ideias básicas da cibernética. Na opinião do autor, a adaptação é um dos conceitos fundamentais e universais da biologia, reflectindo a essência dinâmica de um sistema vivo. A propriedade de adaptação faz com que o organismo se auto-ajuste de acordo com os factores do ambiente externo, a fim de encontrar e encontrar o modo de funcionamento mais favorável em determinadas condições. Assim, torna-se evidente a diversidade de formas de instalação e de desenvolvimento favorável das plantas das várias categorias de terras áridas. No futuro, o termo "tolerância à seca" deverá ser aplicado apenas num sentido fisiológico limitado, reflectindo a resistência dos órgãos da planta à desidratação. Neste caso, como refere S.A.Petrov (1972), a utilização de indicadores fisiológicos para o diagnóstico da tolerância comparativa à seca só se justificará para espécies estreitamente relacionadas e suas variedades.

Assim, pode reconhecer-se que a adaptação biológica das plantas tolerantes à seca, incluindo o pistácio verdadeiro, é principalmente condicionada pela resistência à desidratação, reflectida principalmente pelo seu regime hídrico.

CAPÍTULO 5 - Peculiaridades do regime hídrico do pistácio verdadeiro.

O conhecimento de vários aspectos das trocas de água entre plantas aumenta a nossa compreensão das formas como os organismos vegetais se adaptam às condições ambientais. Os estudos sobre o regime hídrico são conduzidos em diferentes direcções. Alguns cientistas estudam as mudanças nos indicadores do regime hídrico em diferentes humidades do solo (Alekseev e Gusev, 1950 a.b.; Petinov, 1954; Celniker, 1955); outros estudam as mudanças diárias e sazonais no regime hídrico das plantas lenhosas em diferentes zonas florestais (Ivanov et al., 1956; Troitskaya, 1959; Celniker, 1958). Alguns cientistas consideram a reversibilidade da desidratação e o aumento da quantidade de água ligada como um critério para determinar a resistência das plantas a vários factores desfavoráveis (Kenesarina, 1959; Tereshin, 1960). Muitos cientistas atribuem grande importância no metabolismo da água à intensidade da transpiração (Blagoveschensky e Bogacheva, 1955; Krasulin e Pankratova 1957). Nos últimos anos, o trabalho sobre o regime hídrico tem sido mais aprofundado: foram efectuados estudos conjuntos sobre o regime hídrico e o metabolismo. Alguns cientistas tentam avaliar a disponibilidade de humidade no solo através de mudanças nos indicadores do regime hídrico para plantas em parcelas irrigadas e de sequeiro (Kondo, 1946; Petinov, 1954) ou para plantas de diferentes habitats (Maksimov, 1952; Keller, 1952). Recentemente, apareceram trabalhos (Ivanov et al., 1956; Nasyrov, 1961) sobre a elucidação das inter-relações dos processos de transpiração e fotossíntese nas plantas.

No Tajiquistão, M.I.Matveev (1947,1953) estudou o regime hídrico de espécies arbóreas. Dando continuidade a estes estudos, K.P.Rakhmaninova (1962) estudou o regime hídrico de plantas lenhosas que crescem em habitats naturais de sequeiro no território da Estação Botânica da Montanha Varzob. O objetivo da investigação era descobrir as peculiaridades da adaptação dos edificantes de diferentes tipos de vegetação lenhosa às condições do habitat. Durante os estudos estacionários do regime hídrico, quando foram estudadas as alterações diárias e sazonais da intensidade da transpiração, foi feita uma tentativa de estabelecer a dependência da transpiração da intensidade da luz.

A transpiração tem sido considerada por muitos cientistas como a resistência das plantas a condições extremas. Nos trabalhos de L.A.Ivanov (1956), Y.L.Celniker e M.I.Markova (1955), M.I.Matveev (1953), K.P.Rakhmanina (1962), K.A.Akhmatov (1970), G.I.Girs (1963), M.A.Sazanova (1968), K.P.Popov (1971), Vernik R.S, Zakharyants I.L. (1966), são abordados vários aspectos do estudo do regime hídrico das plantas. A análise dos resultados destes estudos mostra que estes autores recolheram uma grande quantidade de material factual sobre a intensidade da transpiração das plantas lenhosas em diferentes condições. Os trabalhos mencionados sublinham a importância da transpiração como um processo que caracteriza a atividade vital das plantas, especialmente em termos de consumo de água tanto por plantas individuais como por plantações inteiras em condições climáticas extremas. Muitas vezes, os investigadores tentaram avaliar pelo valor da transpiração um fenómeno tão complexo, que é a resistência das plantas ao período de seca. Sabe-se que a intensidade dos processos fisiológicos que ocorrem em qualquer planta, incluindo o pistácio, Os processos fisiológicos que ocorrem em qualquer planta, incluindo o pistácio, estão relacionados com as condições do seu abastecimento de água. A falta de água nos solos dos contrafortes semidesérticos, onde cresce o pistácio, não é catastrófica para este, graças a um sistema radicular bem desenvolvido, que assimila a humidade de diferentes horizontes do solo. O seu sistema radicular é muito desenvolvido e tem uma grande capacidade de absorção. V.N.Gorbunova escreve que "nenhuma outra espécie de árvore (exceto as amêndoas) é capaz de suportar o mínimo de humidade com que o pistácio se satisfaz" (citado de O.V.Zalensky, 1940).

A atividade de assimilação do pistácio, segundo Y.S.Nasyrov (1961), caracteriza-se por uma longa duração da vegetação. Y.S.Nasyrov, analisando a dependência da fotossíntese do pistácio em relação a factores externos e internos, observa que as temperaturas do ar mais favoráveis para a atividade de assimilação se situam entre 26-36^{0}C e a iluminação entre 30-80-90 mil lux. A intensidade máxima da fotossíntese no pistácio (32-38mg/dm^{2}por hora) foi encontrada à temperatura de 31-32^{0}C e à iluminação de 60-64 mil lux. Isto indica, como testemunha o autor, a estabilidade excecional e a capacidade de adaptação do aparelho de assimilação do pistácio à ação da temperatura elevada e da iluminação. O aparelho fotossintético do pistácio é mais resistente à desidratação.

O verdadeiro pistácio é uma planta xeromórfica. Graças ao seu sistema radicular bem desenvolvido, fornece a si próprio a humidade necessária, pelo que, mesmo no período seco do verão, a dinâmica diária da fotossíntese permanece uniforme. Na primavera, com temperaturas baixas, a fotossíntese no pistácio tem uma intensidade reduzida. Em junho, com o aumento da temperatura, o pistácio apresenta a maior atividade de assimilação. Com o estabelecimento do tempo quente (julho, agosto) no verão, a fotossíntese diminui ligeiramente, mas mantém-se quase ao mesmo nível, relativamente elevado, até ao fim do período vegetativo. No outono, à medida que as folhas envelhecem, a sua capacidade de assimilação enfraquece. A evolução diária da fotossíntese no pistácio durante o período vegetativo é uniforme. A intensidade máxima do processo é frequentemente observada nas horas do meio-dia. Ao meio-dia, apesar da radiação e da temperatura do ar elevadas, a assimilação não enfraquece.

Ao cultivar o verdadeiro pistácio, deve ter-se em conta que, nas zonas áridas, como demonstrado pela experiência a longo prazo dos silvicultores regionais, as culturas de pistácio crescem e desenvolvem-se melhor em plantações puras, sem mistura com outras espécies, mesmo relativamente resistentes à seca. O pistácio desenvolve um sistema radicular muito profundo nos primeiros anos de vida. Se no primeiro ano a parte aérea cresce 9-10 cm, a raiz aprofunda-se para 90-110 cm, por vezes até 150 cm para baixo, e também se desenvolvem raízes laterais. Por exemplo, aos sete anos de idade, as suas raízes laterais desenvolvem-se até 4 m ou mais. A área de alimentação das raízes, de acordo com O.V.Zalensky (1940), é de 144m^2 no pistácio. V.I.Zapryagaeva (1964) verificou que o pistácio com 50-70 anos de idade tem uma projeção de raízes horizontais 15 vezes superior a 25 projecções da copa da árvore. Na opinião do autor, esta é uma das razões da raridade do pistácio na natureza (50-70 árvores por 1 ha). Segundo O.V.Zalensky, escavações do sistema radicular do pistácio mostraram que em árvores de 23 anos as raízes horizontais se estendem para os lados do tronco por 10-12m. Isto proporciona uma grande área de água e nutrição mineral da árvore, bem como cria condições favoráveis de iluminação para o pistácio, que adora luz.

Graças a várias adaptações (desenvolvimento de um sistema radicular horizontal e vertical, etc.), o verdadeiro pistácio não está praticamente sujeito a uma desidratação significativa. E a importância da água é determinada por um certo número de propriedades. É um solvente e um meio no qual se efectuam os movimentos e o metabolismo. Estudos efectuados por cientistas (V.I.Zapryagaeva e outros) estabeleceram que os processos vitais mais importantes nas células ocorrem com um determinado teor de água. Espécies bem adaptadas como a Pistacia Vera L, Amugdalus communis, Ulmus pinnato - ramose caracterizam-se por um teor de água moderado e estável nas folhas durante a vegetação.

O teor estável de água nas folhas, devido a uma troca de água mais ativa nas plantas xerófilas, foi estabelecido por I.E. Znamensky (1948) e I.M. Matveev (1953). K.A.Akhmatov (1976) considera que, na determinação da resistência e adaptação (adaptação) das plantas à seca, não é a quantidade absoluta de água em períodos separados que é de grande importância, mas a estabilidade do teor de água nas folhas das plantas durante a vegetação, especialmente durante a seca, que determina a atividade vital normal das plantas.

A elevada resistência das plantas a condições ambientais desfavoráveis foi estabelecida pela quantidade de água ligada nas folhas das plantas. De acordo com E.V.Lebedintseva (1926), A.M.Migahit (1945), a quantidade de água ligada nos xerófitos é muito mais elevada do que nos mesófitos. D.M.Kushnerenko et al. (1970) consideram o elevado teor de água ligada como um dos indicadores de maior resistência à seca de algumas plantas de fruto.

Estudos de K.A.Akhmatov (1976) estabeleceram que o conteúdo estável de água livre e ligada nas folhas do pistácio é mantido pela atividade de um sistema radicular profundamente penetrante.

Com o teor total de água nas folhas durante o período seco - de 53,4% em julho, 52,3% em agosto, a quantidade de água livre durante este período varia de 22,4% a 22,0%, e, consequentemente, a água ligada - de 31% a 29,4%. Na opinião dos autores, isso garante a atividade fotossintética normal (consciente) do aparelho de assimilação e reflete a orientação protetora dos processos vitais para a sobrevivência da planta no período seco. Ao mesmo tempo, como observa K.A. Akhmatov, a contabilização da composição fracionária da água, para fins de diagnóstico e adaptação, bem como a adaptação das plantas lenhosas à seca, deve ser realizada em função das caraterísticas ecológicas das plantas.

A dependência entre as condições de abastecimento de água e a força de sucção é a adaptação mais importante de uma planta a um dos factores necessários para o seu crescimento - a água. V.S. Shardakov (1953) salientou que, em condições de abastecimento abundante de água, a força de sucção é insignificante e, em condições de abastecimento deficiente de água, aumenta tanto mais quanto menos saturadas de água estiverem as células da planta. Com a diminuição da humidade no solo, a força de sucção aumenta fortemente. Assim, de acordo com K.A.A.Akhmatov (1976), no Quirguistão, o poder de sucção das folhas de pistácio de maio a agosto varia da seguinte forma: 28 de maio - 11atm, 18 de julho - 21atm, 25 de agosto - 30 atm, ou seja, em condições ecológicas áridas, o poder de sucção das folhas aumenta até ao fim do período de vegetação, e também depende estreitamente das condições ecológicas de crescimento das plantas. O aumento do poder de sucção é um sinal caraterístico de défice hídrico grave nas plantas, especialmente nas que não estão adaptadas (não adaptadas) a condições áridas.

Os estudos sobre a transpiração de plantas lenhosas na Ásia Central são abordados nos trabalhos de M.I. Matveev (1953), K.P. Rakhmanina (1962), K.A. Akhmatov (1962), K.P. Popov (1971), G.M. Chernova e G.S. Olekhnovich (1985). Estes autores recolheram uma grande quantidade de material factual sobre a intensidade da transpiração das plantas lenhosas em diferentes condições de crescimento. Verificou-se que o pistácio, ao contrário de muitas xerófitas e mesófitas, se caracteriza por uma maior intensidade de transpiração, que se correlaciona principalmente com a temperatura do ar, com o valor mais baixo de manhã e à noite, e mais elevado durante o dia. Ou seja, o pistácio tem a maior atividade assimilatória com o aumento da temperatura do ar e da luz. O arrefecimento da superfície assimiladora das plantas nos dias quentes (julho, agosto) através do aumento da transpiração tem um efeito positivo no trabalho de síntese das folhas, uma vez que a temperatura da folha diminui 3-4^{0}C em relação ao ambiente. O desenvolvimento de um sistema radicular potente do pistácio proporciona uma taxa de transpiração elevada durante toda a estação de crescimento, o que, por sua vez, aumenta a atividade de assimilação em contraste com outras espécies de árvores e é caracterizado por uma longa duração durante a estação de crescimento, devido a estomas abertos durante o período de verão. Por conseguinte, um sistema radicular profundo desempenha um papel importante, fornecendo constantemente aos órgãos subterrâneos, incluindo as folhas, a quantidade de água necessária para manter os estomas abertos.

Plantas como o pistácio verdadeiro desenvolveram uma adaptação sob a forma de raízes axiais peculiares com uma estrutura anatómica que lhes permite penetrar nas camadas não secas do solo e, a partir daí, fornecer humidade às folhas.

V.F.Altergot (1963) observa que o sobreaquecimento prolongado das folhas provoca perturbações profundas no metabolismo. Além disso, a transpiração actua como o principal fator fisiológico que determina a temperatura da folha. No pistácio e na amêndoa comum, o gradiente de temperatura entre a folha e o ar circundante durante todo o período diurno é negativo, ou seja, a temperatura da folha é inferior à temperatura do ar. O aumento do nível de transpiração, que proporciona um elevado efeito termorregulador, é um fator de importância primordial. S.I.Kokina (1935) e Lange (1959) conseguiram provar que a elevada intensidade de transpiração das plantas do deserto permite-lhes existir em condições extremamente áridas. K.P.Popov (1974) sublinhou que a temperatura da folha da maioria das espécies em julho e agosto excede a temperatura do ar ambiente. As excepções são o pistácio e as amêndoas, que mantêm uma elevada capacidade de termorregulação através de uma transpiração acrescida até ao fim da vegetação. O arrefecimento da superfície de assimilação das plantas nos dias quentes, através do aumento da transpiração, tem um efeito positivo no trabalho de síntese das folhas. Este facto é confirmado pelo elevado nível de fotossíntese do pistácio e da amêndoa durante todo o período vegetativo, incluindo os períodos quentes e secos.

CONCLUSÕES

a) Muitos cientistas aceitam a reversibilidade da desidratação como um critério para identificar a resistência (adaptação) das plantas a vários factores desfavoráveis. A transpiração elevada foi considerada por muitos cientistas como um fator estabilizador da resistência das plantas a condições extremas. Ao mesmo tempo, a atividade de assimilação no pistácio é caracterizada por uma longa duração vegetativa.

б) Em condições ecológicas áridas, o poder de sucção das folhas do pistácio aumenta do início ao fim da estação de crescimento de 11atm. (maio) para 30-40 atm (agosto).

c) Os trabalhos efectuados na Ásia Central estabeleceram que o pistácio verdadeiro se caracteriza por um aumento da taxa de transpiração, que se correlaciona principalmente com a temperatura do ar. O sobreaquecimento prolongado das folhas provoca perturbações profundas no metabolismo, sendo a transpiração o principal fator fisiológico de estabilização da temperatura das folhas.

Por conseguinte, para estabelecer a elevada capacidade de adaptação do pistácio, que é confirmada pela vasta gama geográfica e altitudinal da distribuição natural desta espécie na Ásia Central, no período 2006-2012, foram realizados estudos sobre as perspectivas e a possibilidade de cultivo do pistácio em condições climáticas naturais muito duras, caraterísticas dos terrenos de seixos na região florestal de Fergana, no Usbequistão. Além disso, os elementos do regime hídrico foram estudados não só em plantas jovens, mas também em variedades lançadas pela primeira vez em plantações estabelecidas em seixos.

CAPÍTULO 6: Estudos sobre a adaptação de plantas de pistácio cultivadas em terrenos pedregosos no vale de Fergana.

Como já foi referido, a Ásia Central é o centro de origem de uma espécie valiosa de frutos secos, o pistácio verdadeiro. No vale de Fergana, cresce nas encostas meridionais dos sopés das cordilheiras de Fergana, Chatkal, Turkestan e Alai, que constituem a coordenada geográfica setentrional da área de distribuição desta espécie, bem como nos sopés e planícies das cordilheiras de Gissar e Babatagh (a fronteira geográfica meridional da área de distribuição desta espécie no Uzbequistão), onde o pistácio forma uma cintura de puras "florestas esparsas de pistácio" numa vasta gama de altitudes absolutas de 500 a 1800 m acima do nível do mar, ocupando principalmente encostas secas e bem aquecidas em solos franco-arenosos leves de tipo cinzento. Além disso, tanto no limite norte como no limite sul da área de distribuição, os pistácios encontram-se em encostas pedregosas íngremes. Este facto predetermina as possibilidades e perspectivas de cultivo desta espécie em terrenos de cascalho das partes do vale do sopé do vale de Fergana.

Desde a antiguidade, o pistácio era cultivado no Uzbequistão em terrenos de herdade, mazares e túmulos. De acordo com V.I.Massalsky (1913), B.A.Fedchenko, A.I.Krishtofovich (1914), no início do século XVIII, os matagais de espécies frutícolas, incluindo o pistácio, não só cobriam as montanhas do vale de Fergana, como também desciam até aos oásis culturais.

Atualmente, praticamente não existem pistácios. Mas, num passado recente, o Vale de Fergana era um "verdadeiro país de pistácios".

A cultura do pistácio a nível estatal no Usbequistão começou no período pós-guerra, quando foram organizados os Ministérios da União das Florestas. Este incluía organizações de produção florestal - leskhozes. A cultura do pistácio foi estabelecida principalmente para fins de recuperação dos contrafortes de sequeiro e no território da atual floresta de Saraykurgan, a partir de 1949, para a florestação do território em torno do reservatório de Kattakurgan.

Além disso, é de salientar que é nas culturas florestais, criadas através da sementeira de sementes de diferentes indivíduos maternos, que se concentra um valioso património genético de diversas formas de pistácio, onde já foi selecionada mais de uma dúzia de formas de pistácio de frutos grandes, cujos frutos têm ossos bem abertos e um elevado rendimento de amêndoa.

Figura 3 Pistácios do Uzbequistão

Pela sua particularidade biológica, o pistácio prefere encostas quentes e bem aquecidas, com sierozem médio-argiloso ligeiro pela sua composição mecânica. Por conseguinte, a tentativa de introduzir o pistácio na cultura em condições florestais quase novas, em cascalhos muito pobres em fertilidade do cone de escoamento do rio, quando os horizontes superiores do solo estão saturados de entulho grosseiro e seixos, foi efectuada pela primeira vez desde 2006.

Ao mesmo tempo, os cascalhos do cone de drenagem de rios individuais ocupam enormes espaços ao longo de muitos sopés de sistemas montanhosos: desde o Alatau Dzungarian, no norte, até à cordilheira Gissar, no sul. Reconhece-se que o desenvolvimento de novas terras, anteriormente consideradas "abandonadas", através da sua irrigação e recuperação, pode resolver o importante problema do aumento da fertilidade do solo e, consequentemente, abrir perspectivas para a sua utilização em culturas agrícolas e frutícolas.

Os objectos da investigação estacionária, onde foi iniciada a cultura do pistácio, situam-se nas terras da exploração florestal de Kokand, na parte do vale da cordilheira do Turquestão, bem como nas terras da estação experimental florestal de Kokand, na parte do vale do sopé da cordilheira de Alai, que fazem parte do grupo de áreas de Kokand com intensa atividade eólica, onde as terras de calhau não desenvolvidas estão sujeitas a uma erosão eólica ativa. Os ventos fortes, que atingem 25-26 m/s em março e abril, sopram a terra fina das camadas superficiais do seixo, expondo seixos e entulho, reduzindo a fertilidade de terrenos de seixo já pobres.

6.1. Caracterização edafo-climática das zonas de estudo.

O verdadeiro pistácio caracteriza-se por uma boa adaptação a várias condições de crescimento, suportando tanto o clima extremamente seco nas altitudes mais baixas como as temperaturas relativamente baixas do inverno nas altitudes mais elevadas. Em alguns cumes, como Babatagsky, Gissar, etc., o pistácio cresce como árvores isoladas e grupos de árvores em solos íngremes, pedregosos e rochosos.

Ao mesmo tempo, devido à sua particularidade biológica, o pistácio prefere as encostas quentes e bem aquecidas, com um sierozem médio-argiloso ligeiro.

Por conseguinte, foi efectuada pela primeira vez a tentativa de introduzir a cultura do pistácio em condições florestais praticamente novas, em cascalhos muito pobres em fertilidade do cone de desembocadura do rio, quando os horizontes superiores do solo estão saturados de entulho grosseiro e seixos.

Ao mesmo tempo, os cascalhos do cone de drenagem de rios individuais ocupam vastas áreas ao longo de muitos sopés de sistemas montanhosos: desde o Alatau Dzungarian no norte até à Cordilheira Gissar no sul. Reconhece-se que o desenvolvimento de novas terras, anteriormente consideradas "abandonadas" com base na sua irrigação e recuperação, pode resolver o importante problema do aumento da fertilidade do solo e, consequentemente, abrir perspectivas para a sua utilização em culturas agrícolas e frutícolas.

Como testemunha T.A. Zheltikova (1968), a experiência de longa data dos cientistas de SredazNIILKh demonstrou que, ao cultivar em cascalho sob condições de irrigação de faixas florestais de proteção do campo, as espécies florestais e frutíferas desempenham o papel de um fator de melhoria ativo, melhorando o microclima, aumentando a fertilidade do solo devido à acumulação de matéria orgânica. Foi revelado que as alterações que ocorrem no solo sob a copa da floresta ou do jardim são incomparavelmente mais rápidas do que sob o cultivo de plantas agrícolas anuais. Estas alterações traduzem-se no aumento da espessura dos horizontes de húmus e do seu teor, na melhoria da estrutura do solo e das suas propriedades físicas, e manifestam-se já 6-7 anos após a plantação de uma floresta ou de um pomar.

As terras de cascalho não urbanizadas da área de estudo são muito pobres em elementos nutritivos do solo, especialmente em matéria orgânica. Este facto é evidenciado pela escassez de vegetação herbácea natural nestas terras, o que, num clima quente e seco, não favorece a acumulação de matéria orgânica no solo. A fim de obter dados objectivos, o ambiente do solo e o teor de elementos básicos de nutrição do solo (azoto, fósforo) foram estudados nos locais onde as experiências foram realizadas.

Os dados da estação vizinha "Kokand" foram utilizados para caraterizar o clima. O clima do distrito é caracterizado por um inverno relativamente fresco e um verão longo e quente. Os meses mais frios são janeiro, fevereiro, novembro e dezembro. Enquanto a temperatura mínima mensal média em janeiro e dezembro é de $5,^{0\,(0)}$ C, a máxima absoluta nestes meses pode descer até - 8,2 e $10,^{0\,(0)}$ C. Os meses de primavera são caracterizados por um aumento gradual das temperaturas positivas e já em abril atingem $16,7^{0}$ com valores máximos em alguns dias de $32,4^{0}$ (Quadro 4). As últimas geadas da primavera (até - $4,0^{0)}$ ocorrem no final de março e, por vezes, mesmo em abril. Nos meses de verão as temperaturas do ar são relativamente estáveis, com médias mensais em junho 27.3^{0}, julho 28.7^{0}, agosto $25.4^{(}0)$, com um máximo absoluto de

37.0$^{(0)}$em agosto a 41.2^{0} em julho.

Com uma precipitação média anual de 212,5 mm, a precipitação máxima é observada durante as chuvas de primavera em abril (66 mm) e maio (61 mm) e está praticamente ausente de junho a setembro.

Como já foi referido, a zona de estudo caracteriza-se por uma intensa atividade eólica. Os ventos aqui são principalmente de sudoeste

praticamente observadas ao longo de todo o ciclo anual, com variações de 13 a 26 m/s.

Em geral, pelos gradientes de temperatura e precipitação anual, a área de estudo pode ser atribuída à zona de sopés áridos muito áridos, típica da zona de sopés semidesérticos de muitas cristas do Uzbequistão, incluindo os sopés semidesérticos da crista de Nurata no território da floresta de Saraikurgan, onde já foram cultivados pistácios em torno do reservatório de Kattakurgan numa área de mais de 3 mil hectares.

Durante os anos de investigação (2006-2014), a situação meteorológica esteve geralmente próxima das caraterísticas médias anuais. A exceção foi a diminuição das temperaturas médias diárias do ar em março e abril de 2009 (3-5^{0}C) e, em geral, nesses meses a precipitação foi 15-20 mm superior aos dados médios anuais.

Quadro 4

Dados médios anuais de alguns elementos do clima na área de investigação (com base na estação meteorológica "Kokand").

Meses	Temperatura do ar $_0$C				Precipitação, mm	Humidade relativa do ar, %	Força do vento, m/seg.
	cf.	Máximo.	mínimo.	abs. min			
janeiro	3,2	11,0	-5,0	-8,0	11,7	84	13
fevereiro	2,6	15,9	-4,1	-7,5	15,7	80	16
março	13,2	24,0	0,0	-4,0	28,4	68	26
abril	16,7	32,4	0,5	-2,5	66	60	25
maio	20,8	33,8	9,0	5,5	61	61	17

junho	27,3	40,5	17,0	14,0	0,9	49	22
julho	28,7	41,2	15,0	12,0	0,0	46	14
agosto	25,4	37,0	8,0	8,0	4,7	59	19
setembro	23,3	36,5	6,0	6,0	2,6	59	14
outubro	15,8	31,0	2,0	0,0	8,7	66	19
novembro	8,6	20,0	-3,7	-6,0	10,9	78	16
dezembro	3,5	11,0	-5,0	-10,0	11,6	81	14
Média anual	15,7					66,3	18
Precipitação do ano					222,2		

6.2. Estudo do ambiente do solo e do teor de elementos básicos da nutrição do solo (azoto, fósforo) nos locais de experimentação.

A fim de estudar o ambiente do solo nos locais de cultivo do pistácio, foi efectuado em 2009 um transecto de solo em cascalheiras não utilizadas anteriormente para culturas agrícolas.

Aqui, há um aterro de pedra britada e seixos na superfície, que se formou devido ao sopro de cascalho de grão fino da superfície das camadas do horizonte de colmatação por ventos fortes. O horizonte de colmatação superior (0-20 cm) de argila cinzenta clara contém cerca de 15-20% de seixos (esqueleto médio de grão fino, compactado).

O horizonte de transição, com 20-25 cm de espessura, contém ainda 30% de argila arenosa fina, mas 70% é composto por inclusões esqueléticas (seixos, entulho), pelo que deve ser definido como um horizonte forte de grão fino-esquelético.

A quantidade de húmus nos solos de origem virgem. O horizonte 0-60 cm contém 0,12% de húmus (quadro 5).

Quadro 5 Caracterização agroquímica dos solos das parcelas experimentais.

Horizonte	Em % do peso do solo			Mg/kg de solo		
	Húmus	azoto total	fósforo total	N-NO3	N-NH4	P2O5

0-20	0,12	0,05	0,20	6,75	22,1	28,0
20-40	0,12	0,05	0,14	6,70	24,6	28,0
40-60	0,12	0,05	0,15	6,75	25,3	24,0
60-80	0,86	0,10	0,20	4,50	24,6	34,0
80-100	0,55	0,05	0,20	5,62	24,6	24,0

É de notar que o teor de húmus nos objectos experimentais é caraterístico deste tipo de terrenos virgens de seixos no vale de Fergana, podendo ser classificado como fraco-esqueleto-pequeno-cascalho.

De acordo com a quantidade de azoto total, os solos contêm 0,05-0,08% de azoto. Os resultados da determinação das formas móveis de azoto (NO_3 e NH_4) nas amostras iniciais mostram que a quantidade de azoto nitrato no solo não excede 5,62-6,75 mg por kg de solo. A quantidade de nitratos está distribuída de forma bastante uniforme no perfil do solo. A quantidade de azoto amoniacal excede consideravelmente o teor de azoto nítrico e caracteriza-se por uma distribuição mais uniforme ao longo do metro de espessura. O teor de azoto amoniacal na camada de 0-100 cm varia entre 22,1-27,2 mg/kg de solo. O teor de fosfatos assimiláveis também se distribui de forma mais uniforme ao longo do perfil do solo. Na camada de metro do solo, o teor de fósforo móvel não excede 24,0-38,0 mg/kg de solo. De acordo com a escala de disponibilidade de azoto e fósforo desenvolvida pelo antigo SOYUZNIIKhI, os solos pertencem à categoria de disponibilidade extremamente baixa.

Os solos são praticamente não salinos (Quadro 6). O resíduo denso, de acordo com os dados da análise do extrato de água, não excede 0,5%, e o valor do resíduo denso permanece quase inalterado ao longo de todo o perfil da camada de metros. O teor de cloro na composição dos sais do solo solúveis em água em ambos os locais é insignificante: 0,01-0,007%. O teor de iões "SO_4" no solo não excede 0,24-0,25%.

Quadro 6

Resultados da análise do extrato aquoso.

Horizonte,	Em % do peso do solo

cm	Resíduo denso	$NCOz^1$	CI^1	$SO4$	Ca^+	Mg^+	Na^+	Quantidade de sais
0-20	0,460	2,20	0,30	5,12	5,50	1,50	0,62	0,432
		0,033	0,011	0,246	0,110	0,018	0,014	
20-40	0,455	2,25	0,15	4,99	5,25	2,00	0,19	0,412
		0,034	0,005	0,240	0,105	0,024	0,004	
40-60	0,445	2,0	0,20	4,99	5,25	175	0,39	
		0,030	0,007	0,240	0,105	0,021	0,009	0,407
60-80	0,435	1,85	0,25	4,99	4,50	175	0,84	
		0,028	0,009	0,240	0,090	0,021	0,019	
80-100	0,470	1,80	0,25	5,21	4,75		2,51	0,438
		0,027	0,009	0,250	0,095		0,057	

O teor de carbonatos ($CaCO_3$) ao longo do perfil do solo não excede 6-7%; a camada de 0-40 cm contém 0,18% de CaCO4 (Quadro 7).

Quadro 7

Definições individuais, %.

Horizonte, cm	Gravidade específica do solo, g/cm^3	Gesso ($CaSO_4$)	Carbonatos ($CaCO_3$)
0-20	2,78	0,14	6,60
20-40	2,76	0,15	6,38
40-60	2,63	0,18	7,04
60-80	2,69	0,15	6,71
80-100	2,64	0,18	6,60

Os resultados dos dados da análise do solo das parcelas experimentais nos dois locais levam às seguintes conclusões:

1. Em termos de composição granulométrica, os solos são argilo-poeirentos com transição para cascalhos. São pouco estruturados e difíceis de cultivar.

2. Em termos de teor de húmus, azoto bruto e fósforo, os solos não são caraterísticos e podem ser referidos como solos de seixos.

3. De acordo com o teor de formas móveis, especialmente nitratos e fosfatos, os solos dos cascalhos zakolmatizados pertencem ao grupo dos inseguros e devem ser bem receptivos à aplicação de fertilizantes, o que foi praticamente confirmado durante o estudo da aplicação de fertilizantes minerais no crescimento e desenvolvimento de plantas jovens de pistácio em plantações estabelecidas em 2006-2009 nos territórios da floresta de Kokand e da Estação Experimental Florestal de Kokand.

CAPÍTULO 7: Estudo da eficácia de agentes de crescimento biologicamente activos numa plantação estabelecida através da plantação de plântulas cultivadas em contentores com sistema radicular fechado (SIR).

A solução deste problema baseia-se no desenvolvimento de terrenos de calhau para a cultura do pistácio, não pelo método tradicional de sementeira num local permanente, mas pela utilização de material de plantação com sistema radicular fechado (PRS). A base da nova tecnologia mais eficaz que propomos é o método de cultivo de plântulas de pistácio em recipientes de pequeno volume (0,125 l.) do tipo "plântulas".

Os contentores são preparados a partir de película de polietileno. O tamanho do saco é de 5x25cm. Fazem-se pequenos orifícios no fundo do recipiente e depois enchem-se com substrato de solo constituído por 5 partes de solo e 1 parte de estrume sobre-fermentado. Para evitar a infeção das plântulas por doenças fúngicas, o solo é retirado de zonas não utilizadas anteriormente para culturas de beladona. Se possível, o substrato preparado é fumigado com brometo de metilo. Os recipientes são enchidos com substrato e colocados em caixas de 100 unidades cada. As sementes são semeadas nos recipientes na primeira década de fevereiro. As sementes estratificadas são utilizadas para a sementeira.

7.1. Vantagens do método

- Assegura uma elevada taxa de enraizamento e um bom crescimento das plantas.
- Prolonga as datas de plantação em 2 meses.
- Reduz o consumo de sementes.
- Os contentores leves (peso da caixa: 20 kg) podem ser facilmente transportados para o local de plantação.
- São necessárias 2 caixas de material de plantação para desenvolver 1 hectare de terra.

Ao estabelecer culturas de plantação de pistácio em terras de cascalho no território da silvicultura de Kokand, semeando sementes de pistácio em local permanente, obteve-se um resultado positivo na taxa de sobrevivência das plântulas (75-80%). No entanto, para garantir a germinação de pelo menos uma ou duas plântulas, foram semeadas até 8-10 unidades de sementes estratificadas na cama de sementes.

As experiências sobre o desenvolvimento de métodos tecnológicos de cultivo de pistácios em cascalho zakolmatichnye foram realizadas em duas variantes - estabelecimento de plantações através da plantação de plântulas cultivadas em contentores de pequeno volume (5x25 cm) e sementeira de sementes num local permanente. O padrão de plantação era de 6x8 m. As plantações foram estabelecidas numa área de 5 ha no território da silvicultura de Kokand e numa área de 4 ha no local fixo da Estação Experimental Florestal de Kokand (parte do vale no sopé da cordilheira de Alai). As experiências para estudar a eficácia da aplicação de substâncias de crescimento foram efectuadas no local fixo da Estação Experimental Florestal de Kokand.

Os contentores (sacos de polietileno com pequenos orifícios nos lados e no fundo para ventilação do sistema radicular) foram enchidos com substrato constituído por três partes de solo e uma parte de estrume sobre-fermentado. As sementes prontas (estratificadas) foram semeadas nos contentores na terceira década de fevereiro - primeira década de março. A profundidade de sementeira foi de 3 cm, com uma semente em cada recipiente. Quando as sementes de pistácio eram semeadas diretamente no solo, a sementeira era efectuada na primeira década de março, a uma profundidade de 5-7 cm, com 7 sementes por buraco (linha).

Para estimular a germinação e aumentar a germinação de sementes a partir de sais de ácido húmico, foi aplicada a preparação "agente de enraizamento" (RA) - humaton com uma concentração de 60 %:

1 .UK-2 (2g. por 10 litros de água);

2 .UK-4 (4g por 10 litros de água);

3 .UK-6 (6g por 10 litros de água);

4 . Mergulhar em água limpa (controlo).

As sementes de pistácio estratificadas foram tratadas por imersão nas soluções especificadas durante 24 horas. As sementes de controlo foram embebidas durante o mesmo número de horas em água potável normal. Foram utilizadas sementes da variedade Orzu na experiência e no controlo.

Os resultados do primeiro ano de investigação mostraram que, ao semear sementes de pistácio embebidas nas soluções de humatona indicadas, a sua germinação em recipientes variou de 70 a 95%, com um valor máximo de 95% na variante UK-2 e um mínimo de 70% na testemunha. Doses mais elevadas deste preparado (4 e 6 g por 10 litros de água) reduziram a germinação das sementes em 10-15%.

Figura 4: Contentores com materiais de plantação de sistema radicular fechado (RCPP)

Também decorre dos dados da Tabela 8 que o tratamento pré-semeadura de sementes com substâncias de crescimento estimula a intensidade de desenvolvimento das partes acima do solo das plantas. [+++]Na altura média das mudas em recipientes antes do plantio PMZK no solo foi de 12,4 - 0,03 cm, no final do primeiro ano, este indicador, devido ao crescimento das plantas em altura, foi de 15,7 - 0,03 cm, com um valor máximo de 17,3 - 0,03 cm na variante UK-2. +Por conseguinte, no controlo (embeber as sementes em água limpa), a altura média das plântulas no final do primeiro ano de crescimento foi de 12,8 - 0,04 cm, ou seja, as diferenças na intensidade de crescimento são comprováveis de forma fiável (t<3).

Ao mesmo tempo, quando as sementes de pistácio foram semeadas diretamente no solo, as taxas de sobrevivência das plântulas variaram entre 65-75%, com uma altura média das plântulas, quando registada no final da estação de crescimento (outubro), de 7,9+. 0,03 cm

Quadro 8

Efeito da aplicação de agentes de crescimento na germinação de sementes de pistácio e no crescimento de plântulas cultivadas em contentores.

Variante da experiência	Número de sementes semeadas, unidades	Germinação, % do número de sementes semeadas	Contentores (PMPC)	
			Altura média antes da plantação	Altura média no final do primeiro ano
1. UK-2	100	95	12,8+- 0,03	17,4+- 0,03
2. UK-4	100	80	12,3+. 0,02	16,1+- 0,03
3. UK-6	100	75	12,1+- 0,02	14,3+- 0,03
Controlo	100	70	10,5+- 0,03	12,8+- 0,04
Semeadura de sementes	100	65	-	7,9+- 0,03

Assim, os resultados preliminares da utilização de contentores de pequeno volume no estabelecimento de uma plantação de pistácios com a utilização de estimulantes de crescimento, obtidos já no primeiro ano após a plantação em terrenos de calhau rolado, atestam o potencial promissor deste método na cultura desta valiosa espécie em condições florestais muito duras.

7.2 Estudo da eficácia de estruturantes de retenção de água formadores de película no crescimento, estado e regime hídrico de plantas jovens de pistácio.

Nas experiências em cascalhos zakolmatizados no âmbito deste projeto, o estruturante "ameliorant" foi aplicado na primeira década de abril de 2009 nas camas de sementes de plântulas plantadas de pistácio PMZK. A área de tratamento foi de 0,5 metros quadrados. A experiência foi realizada em 3.x variantes: 1. concentração de 0,2% de solução aquosa; 2. concentração de 0,4% de solução aquosa; 3. controlo (sem aplicação de estruturante). Cada variante e cada controlo tinham 75 plantas.

Sabe-se que a intensidade dos processos fisiológicos que ocorrem em qualquer planta, incluindo o pistácio, está relacionada com as peculiaridades do seu regime hídrico, incluindo a intensidade da transpiração, a humidade das folhas, o défice hídrico e o poder de sucção das folhas. Estudos anteriores realizados na cultura de pistácios em condições florestais óptimas para esta espécie, em sopés de sequeiro em solos do tipo serozem, bem como na cultura de pistácios em sopés áridos muito agrestes, incluindo em cascalheiras no Oblast de Fergana (dados de observações sobre o regime hídrico no período 2006-2009), estabeleceram que o regime hídrico é favorável na cultura de pistácios em sopés áridos muito agrestes, incluindo em cascalheiras no Oblast de Fergana (dados de observações sobre o regime hídrico no período 2006-2009).Verificou-se que as condições favoráveis de disponibilidade de água provocam processos fisiológicos mais intensos nas plantas (crescimento das plantas, obliquidade, bem como indicadores mais elevados da intensidade da transpiração, etc.).

Como mostram as observações da intensidade de transpiração do pistácio PMPC na experiência com aplicação de estruturante, já no primeiro ano após a plantação, as plantas jovens responderam à melhoria das condições de fornecimento de humidade, aumentando os seus valores diários e sazonais de intensidade de transpiração. Como se pode ver no quadro 9, os valores médios sazonais da intensidade transpiratória das plantas na experiência com a aplicação de "meliorant", tanto na concentração de 0,2% como na de 0,4%, excedem os da testemunha em 16-20%.

Quadro 9

Intensidade de transpiração (mg/g/hora) em plântulas anuais de pistácio nas variantes da experiência com a aplicação do estruturante "meliorant".

Meses	Horas de observação					
	9-11	11-13	13-15	15-17	17-19	Média diária
Concentração de 0,2%						
maio	833	1300	2358	1212	898	1320,0
junho	842	1241	2410	1398	975	1373,2
julho	1155	1300	2463	2410	1398	1745,2
agosto	1520	2010	2583	2704	1250	2013,4
setembro	723	1810	2010	2529	1120	1646,4
Meia estação						1619,6
Concentração de 0,4%						
maio	1403	1722	2053	2130	1330	1727,6
junho	1633	1929	2202	2366	1407	1907,4
julho	1947	2572	3157	3255	1557	2497,6
agosto	1384	2481	3076	3250	1227	2283,6
setembro	1330	2229	2553	2360	1115	1917,4
Meia estação						2066,7
Controlo I	sem a introdução de um estruturante)					
maio	726	840	1129	1347	870	982,4
junho	851	1027	1720	1960	916	1293,8
julho	1183	1570	1860	2640	1127	1676,0
agosto	1012	1520	1780	2425	1095	1566,4
setembro	920	1416	1615	2270	910	1426,2
Meia estação						1388,9

Ao mesmo tempo, indicadores mais elevados, em comparação com o controle, da intensidade da transpiração em mudas de pistache com a aplicação de estruturante causaram um aumento no déficit de saturação de água da folha, que foi reabastecido à noite na ausência de evaporação durante este período. Assim, se nas variantes experimentais com a aplicação do "meliorant" o défice hídrico na concentração da solução de 0,2% foi de 6,72%, na concentração da solução de 0,4% foi de 8,24%, no controlo em dinâmica sazonal não ultrapassou os 5,5%.

A humidade da folha das plântulas anuais de pistácio, tanto na experiência como no controlo, flutuou entre 55,9-60,6 por cento sem cair abaixo de 50 por cento do nível de conteúdo de água por peso húmido da folha. Isto, por sua vez, indica não só uma resposta positiva das plantas jovens de pistácio às condições de crescimento, mas também, em geral, às condições florestais favoráveis em que as plantações desta espécie excecionalmente resistente à seca são cultivadas com a aplicação de estruturante.

Consequentemente, a utilização de preparações protectoras de película melhora as condições de disponibilidade de humidade das plantas de pistácio, proporcionando condições mais favoráveis para o seu crescimento e estado. A partir dos dados dos índices de tributação das plantas anuais obtidos no final do período de vegetação, é possível detetar um crescimento mais intenso em altura e diâmetro nas variantes experimentais com a aplicação do estruturante. Em média, os índices da sua altura, do diâmetro do caule e do crescimento linear atual excederam os da testemunha em 14-16% na precisão experimental t>3 (quadro 10).

Quadro 10

Crescimento de plântulas anuais de pistácio em variantes da experiência com aplicação do estruturante "meliorant" (indicadores médios).

Variante da experiência	+Plântulas anuais (PMPC) M - m		
	Altura, cm	Diâmetro do colo da raiz, mm	Crescimento linear atual em altura, cm
0,2%	+17.4 -0.03	3,9	+4.9 -0.01

0,4%	+21.2 -0.03	4,3	+8.7 -0.02
Controlo	+12.8 -0.03	3,3	+3.8 -0.01

Assim, os resultados preliminares sobre o desenvolvimento de métodos eficazes de estabelecimento de plantações de pistácios em cascalhos zakolmatizados permitiram concluir que as áreas da parte do vale do sopé das cordilheiras do Alai e do Turquistão, por gradientes de temperatura e soma de precipitação anual, podem ser atribuídas à zona de sopé muito árida, em solos do tipo sierozem, típicos da zona de sopé semidesértico de sequeiro, principalmente promissores para o cultivo de pistácios resistentes à seca.

No entanto, o desenvolvimento de terrenos de calhau rolado, mesmo para a cultura de uma das espécies arbóreas mais resistentes à seca e, em geral, relativamente pouco exigente em termos de fertilidade do solo, está associado à sua cultura em cascalheiras de calhau rolado pouco estruturadas e difíceis de cultivar.

Por conseguinte, o desenvolvimento de um conjunto de métodos tecnológicos mais acelerados que garantam a eficácia da criação de plantações industriais de pistácio através da utilização de plântulas cultivadas em contentores com um sistema radicular fechado, com a utilização de substâncias de crescimento e estruturantes de proteção de película, permitirá envolver no volume de negócios agrícola enormes terrenos de seixos "abandonados" no deserto e obter no futuro produtos valiosos de pistácio.

A utilização de PMPC de pistácio de pequeno volume pelo tipo de "mudas" permite não só reduzir os custos de sementes 5-6 vezes, mas também prolongar significativamente o período de plantação (até maio inclusive). A utilização de substâncias de crescimento biologicamente activas e estruturantes no cultivo de PMPC em complexo permite desenvolver de forma mais eficiente e eficaz as categorias incómodas de terras de calhau no Vale de Fergana para plantações de pistácio, cuja área excede os 400 mil ha.

CAPÍTULO 8 - Adaptação biológica de plantas de pistácio através do estudo dos elementos do regime hídrico.

É de salientar que o regime hídrico das plantas - intensidade da produção de água, humidade foliar, défice de saturação de humidade foliar, é um processo fisiológico importante que reflecte a reação das plantas às condições da dinâmica diária e sazonal destes processos em plantas jovens de pistácio em novas condições de crescimento, nomeadamente, cascalhos zakolmatizados do cone de afloramento com um determinado regime de irrigação (de 12 de abril a setembro) e foi o objetivo da investigação identificar a adaptação das plantas de pistácio em cultivo em lagos e lagos difíceis (de 12 de abril a setembro).

Os trabalhos de vários investigadores: Rakhmanina K.P. (1962); Popov K.P. (1979) Chernova G.M., Olekhnovich G.S. (1985) estabeleceram que o pistácio verdadeiro, ao contrário de muitas xerófitas, bem como de mesófitas, se caracteriza por uma intensidade de transpiração (IT) muito elevada, que se correlaciona principalmente com a temperatura do ar, com o valor mais baixo de manhã e à noite e um valor mais elevado durante o dia. Na dinâmica sazonal, também a maior intensidade de transpiração desta raça se verifica nos meses quentes de verão. Ou seja, com o aumento da temperatura do ar, o pistácio tem a maior atividade de assimilação. Ao mesmo tempo, se o défice de saturação de humidade da folha se correlaciona com a disponibilidade de humidade disponível no solo, então a humidade da folha no pistácio, em condições favoráveis de crescimento, é geralmente um valor constante, aumentando ligeiramente na primavera, diminuindo no final da vegetação, mas não caindo abaixo de 50% do seu conteúdo de água.

Assim, o estudo do complexo de processos fisiológicos em plantas jovens de pistácio em condições florestais relativamente duras do seu cultivo permitir-nos-á avaliar a possibilidade de desenvolvimento de enormes áreas vagas do sopé dos vales das cordilheiras de Alai e do Turquestão para plantações desta valiosa cultura de frutos secos.

O estudo da dinâmica do regime hídrico foi realizado em 2008 em plantações de 3 anos e em 2012 em plantações de 5 anos, estabelecidas nas áreas de investigação com o esquema de plantação 6x8 m (208 plantas por 1 ha). 10-15 plantas típicas no seu desenvolvimento foram selecionadas para o estudo. A repetição da experiência é de 4 vezes.

Os resultados do estudo IT na dinâmica diária e sazonal são apresentados no Quadro 11. A transpiração foi contada 2 vezes por mês, de maio a setembro inclusive, de acordo com o método de pesagem rápida de L.A.Ivanov (1963) em folhas da parte iluminada da copa, seguida da sua exposição de 3 minutos e nova pesagem.

Como pode ser visto a partir dos dados apresentados nas Tabelas 11-16, o pistácio em Z-i-5 anos de idade sob novas condições de crescimento bastante extremas mantém a sua caraterística inerente de produção de água mais intensiva durante o dia (de 13 a 15 horas) no verão (julho), o período mais quente do ano. Ao mesmo tempo, se em julho os seus valores médios eram de 2692 e 3056 mg/g/hora, em setembro - 1069 mg/g/hora, o que, em geral, está de acordo com os dados de K.P.Popov (25), que estudou a intensidade da transpiração em pistácios adultos na cordilheira de Aruktau (sul do Tajiquistão). Em média, as plântulas de três anos utilizam 159,1 m^3/ha de água para transpiração, ou 15,9 mm (Quadro 11).

O estudo do défice de humidade e da humidade foliar na dinâmica diária e sazonal mostrou que as plantas de pistácio não apresentaram défice de humidade foliar desde a primavera até ao final da estação de crescimento (Quadro 11;

Tabela 11.

Taxas médias de transpiração em plantas de pistácio com 3 anos de idade mg/g/hora.

Meses	Horas do dia						Média
	7-9	9-11	11-13	13-15	15-17	17-19	
maio	625,75	1112,2	1911,5	2170,5	1308,5	916	1340,8
junho	1374	2510,7	3070,0	3777,8	1875,8	1116,0	2254,0
julho	1749	2591,5	3393,5	3852,0	2842,8	1724,5	2692,2

agosto	643,5	1079,2	1888,75	2217,5	1383,75	787,5	1333,4
setembro	627,5	943,25	1492,5	1755	1052	545	1069,2

Tabela 12.

Défice hídrico (%) do pistácio verdadeiro com 3 anos de idade.

Meses	Horas do dia						Média
	7-9	9-11	11-13	13-15	15-17	17-19	
maio	9,2	9,4	10,2	10,6	12,0	13,3	10,7
junho	9,4	9,8	11,2	12,7	13,3	14,8	11,8
julho	9,7	10,3	12,4	13,6	14,9	16,4	12,8
agosto	8,8	9,4	11,2	13,0	13,3	14,1	11,5
setembro	5,7	7,2	9,9	10,4	11,2	12,8	9,5

Tabela 13.

Teor de água nas folhas de pistácios verdadeiros com 3 anos de idade (% por peso bruto).

Meses	Horas do dia						Média
	7-9	9-11	11-13	13-15	15-17	17-19	
maio	63,9	61,8	58,9	58,8	60,8	62,1	61,0
junho	63,6	61,0	60,6	56,3	58,0	62,0	60,0
julho	60,6	58,0	57,0	58,6	59,1	60,3	58,1
agosto	60,4	59,8	57,4	55,4	60,8	61,2	59,2
setembro	60,0	58,0	56,8	55,9	58,0	63,8	58,7

Tabela 14.

Taxas médias de transpiração em plantas de pistácio verdadeiro com 5 anos de idade (mg/g/hora).

Meses	Horas do dia						Média
	7-9	9-11	11-13	13-15	15-17	17-19	
maio	707	1213	2002	2780	1670	1060	1605
junho	1620	2570	3200	3880	2600	1270	2523

julho	1840	2920	3870	4210	3540	1960	3056
agosto	1210	2440	2880	3320	2780	1850	2413
setembro	770	1380	1870	2130	1350	880	1396

Tabela 15.

Défice hídrico (%) do pistácio verdadeiro com 5 anos de idade.

Meses	Horas do dia						Média
	7-9	9-11	11-13	13-15	15-17	17-19	
maio	10,3	10,8	11,4	12,6	12,8	13,2	11,8
junho	10,7	11,2	11,8	13,2	14,1	14,9	12,6
julho	10,9	11,8	12,7	14,8	15,6	16,8	13,7
agosto	9,4	10,5	12,3	13,5	14,7	16,2	12,7
setembro	6,7	10,2	H,7	11,9	12,4	13,6	11,1

A dinâmica diária do défice hídrico foliar, tanto nas plântulas de três como de cinco anos, é caracterizada pelos valores mais baixos nas horas da manhã (7-9 h) e ascende a 5,7 no primeiro caso e a 6,7% no segundo. Este facto deve-se a temperaturas do ar comparativamente mais baixas durante estas horas. E o máximo diário do défice hídrico cai no período mais quente do verão e, em regra, é observado nas horas da noite (17-19 h), quando há uma diminuição acentuada do consumo de água pelas folhas do pistácio para transpiração.

Estes valores são de 16,2 e 16,8 por cento, respetivamente.

Quadro 16

Teor de água nas folhas de pistácios verdadeiros com 5 anos de idade (% por peso bruto).

Meses	Horas do dia						Média
	7-9	9-11	11-	13-	15-	17-	
maio	65,4	64,5	60,2	59,6	59,9	63,2	62,2
junho	65,2	63,4	61,4	57,2	58,6	63,0	61,4
julho	61,3	60,8	58,7	56,4	57,8	60,9	59,3

agosto	61,2	60,0	58,4	55,8	58,4	61,4	59,2
setembro	60,8	59,2	58,5	55,2	57,7	62,3	58,9

Na dinâmica sazonal, os valores mais elevados de défice hídrico ocorrem no mês de julho, o mais quente, e são de 12,8% no pistácio de 3 anos e 16,8% no pistácio de 5 anos, em comparação com 9,5% e 11,1% em setembro.

A amplitude das flutuações diárias do teor de água nas folhas de pistácio na área de estudo diminui com o aumento do défice hídrico. O máximo diário do conteúdo de água nas folhas é registado nas horas da manhã (7-9 h) e varia entre 60,0 e 63,9% em plântulas de 3 anos e entre 60,8 e 65,4% em plântulas de 5 anos. Os mínimos desses índices são registrados no período da tarde (13-15 h), ou seja, ocorrem no período mais quente do dia, quando há um aumento acentuado na intensidade da transpiração e perfazem 55,9-58,8% e 55,2-59,6%.

Muitos cientistas consideraram a intensidade da transpiração no estudo da resistência das plantas a condições extremas. Muitas vezes os investigadores tentaram avaliar pelo valor da transpiração um fenómeno tão complexo, que é a resistência (capacidade adaptativa) das plantas ao período seco (M.I. Matveev, 1953; K.P. Popov 1971; K.P. Rakhmanina 1962; K.A. Akhmatov 1970).

Foi estabelecido na literatura que as plantas lenhosas bem adaptadas são caracterizadas por um crescimento rápido e uma penetração profunda do sistema radicular, enquanto as mal adaptadas são caracterizadas por um crescimento lento e uma propagação superficial das raízes. Observa-se um forte crescimento radicular nas espécies mais adaptadas. No pistácio, observam-se dois níveis de raízes esqueléticas na disposição das raízes esqueléticas. O primeiro consiste em raízes de direção horizontal. O segundo nível mais poderoso no pistácio começa a partir de 1,0 m de profundidade e tem raízes amplamente ramificadas (K.P. Popov 1971).

O pistácio é uma planta xeromórfica; devido ao seu sistema radicular fortemente desenvolvido, fornece a si próprio a humidade necessária, pelo que, mesmo no período seco do verão, a dinâmica diária da fotossíntese permanece uniforme. A atividade de assimilação do pistácio, de acordo com os dados de Y.S. Nasyrov (1961), é caracterizada por uma longa duração diária e vegetativa, devido a uma boa troca de água. Além disso, a fotossíntese do pistácio depende de factores externos e internos. Está provado que a temperatura do ar é favorável à atividade de assimilação, situando-se entre 26-36°C, e a iluminação entre 30 e 80-90 mil lux. A intensidade máxima da fotossíntese Yu.

Nasyrov (1961) observa em pistache (32-38 mg/dm^2 por hora) foi encontrado a temperatura 31-32 °C e iluminação 60-64 mil lux. Isto indica a estabilidade excecional e a capacidade de adaptação do aparelho de assimilação do pistácio à ação da temperatura elevada e da iluminação. O aparelho fotossintético do pistache é mais resistente à desidratação.

CAPÍTULO 9: Estudo da dinâmica diária e sazonal do regime hídrico das cultivares para estabelecer a resposta do pistácio a novas condições de cultivo

As observações sobre o regime hídrico de plantas jovens (3-5 anos) de pistácio cultivadas em terrenos de calhau nos territórios da silvicultura de Kokand (local "Shoberdi" no sopé da cordilheira do Turquestão) e Kokand LOS (sopé da cordilheira de Alai), realizadas no período de 20092012, mostraram que o pistácio demonstrou uma elevada adaptação a condições florestais difíceis, típicas da zona de formação de terrenos de calhau no vale de Fergana. Praticamente, na ausência de um horizonte de solo fértil, temperaturas elevadas do ar no verão, baixa humidade relativa, atividade intensa do vento, o pistácio em novas condições manteve inerente a esta espécie uma elevada intensidade de transpiração diária e sazonal, um teor de água quase constante nas folhas e um défice de saturação de água relativamente insignificante nas folhas. A mesma regularidade foi revelada em 3 variedades de pistácio, lançadas pela primeira vez no estabelecimento da plantação nestas condições florestais.

A fim de estabelecer a resposta das variedades de pistácio propagadas vegetativamente em porta-enxertos jovens de 6 anos na plantação florestal de Kokand, o estudo dos elementos do regime hídrico foi incluído no complexo de observações (Quadro 17;18;19;).

Quadro 17

Intensidade de transpiração do pistácio verdadeiro de 6 anos de idade na dinâmica sazonal em função da variedade

Intensidade da transpiração, mg/g/hora					
maio	junho	julho	agosto	setembro	Média sazonal
Pérola da montanha					
1988.2	2348.2	2917.3	2524.3	2248.2	2405.2
A variedade Orzu					

1728.2	1953.4	2787.8	2629.3	2275.6	2274.8
Variedade Albina					
1988.4	2009.5	2568.3	2045.6	1568.5	2036.1
Controlo (plantas não enxertadas)					
2521.4	2828.2	3112.5	2254.8	1826.8	2508.7

Como se pode ver nos dados apresentados no quadro 17, a intensidade da transpiração das variedades e das plântulas não enxertadas aumenta da primavera para o verão, atingindo o seu máximo em julho-agosto. Segundo I.N. Beydeman (1960), este ritmo de intensidade de transpiração, que aumenta no verão e diminui no outono, é próprio das plantas constantemente abastecidas de humidade. De acordo com a classificação de I.N. Beydeman de três ritmos de intensidade de transpiração, o pistácio no vale de Fergana, em terrenos de cascalho, pode ser classificado no primeiro tipo de ritmo sazonal, ou seja, a intensidade de transpiração aumenta até meados do verão, diminuindo no outono.

O pistácio verdadeiro caracteriza-se por um teor de água foliar relativamente elevado e estável, que, regra geral, não desce abaixo da marca dos 50%. O mesmo padrão foi observado tanto nas variedades como nas plantas não vacinadas, quando a humidade da folha variou em média durante a vegetação de 57,5% a 59,4% nas variedades, e de 52,3 a 58,4% nas plantas de controlo não vacinadas (Quadro 18).

Quadro 18

Teor de humidade das folhas de pistácios com 6 anos de idade em função da variedade

Humidade das folhas em % do peso bruto					
maio	junho	julho	agosto	setembro	Média sazonal
Pérola da montanha					
59.2	56.7	57.2	59.3	62.4	58.96
A variedade Orzu					

59.8	56.1	54.8	58.5	61.4	58.12
Variedade Albina					
57.9	54.9	55.2	58.1	60.4	57.3
Controlo (plantas não vacinadas)					
57.4	52.3	52.8	53.5	58.4	54.9

Na dinâmica sazonal, os valores máximos do défice hídrico foliar (Quadro 19) foram observados em ambas as variedades e nas plantas não vacinadas. O défice de saturação hídrica foliar aumenta gradualmente nas mesmas, sendo reposto à noite, quando o consumo de água para a transpiração diminui acentuadamente.

Quadro 19

Défice hídrico do pistácio de 6 anos em função da variedade.

Défice hídrico, %					
maio	junho	julho	agosto	setembro	Média sazonal
Pérola da montanha					
11.2	18.5	24.2	25.8	26.7	21.3
A variedade Orzu					
12.1	20.2	23.1	25.6	27.3	21.6
Ordenar "Albina"					
12.3	20.3	22.5	23.4	25.7	20.9
Controlo (plantas não vacinadas)					
14.9	18.3	20.4	20.8	21.4	19.1

A regularidade revelada na dinâmica dos processos fisiológicos em plantas de pistácio com 3-5 anos de idade cultivadas em seixos no local estacionário de Kokand LPS (em intensidade de transpiração, humidade foliar, défice de saturação de água das folhas) é claramente traçada em plantas de pistácio mais velhas com 6-7 anos de idade cultivadas em seixos no território da floresta de Kokand (parcela Shoberdi).

Figura 5. Plântulas de pistácio num contentor

Além disso, este padrão é também caraterístico das variedades de pistácio lançadas pela primeira vez nestas condições florestais (Quadros 17-19). Apesar de certas diferenças entre as variedades nestes índices, estas, em comparação com as plantas não vacinadas (controlo), desenvolvem-se bem, caracterizadas não só por índices de intensidade de transpiração mais elevados na dinâmica diária e sazonal (quadro 17), mas também por índices de obliquidade mais elevados (quadro 20).) Assim, se nas plantas não vacinadas a superfície média de uma folha composta é de 87,8 cm^2, nas variedades "Gornaya pearl", "Orzu" e "Albina" é em média de 149,8 cm2, com o valor máximo de 178,6 cm2 - na variedade "Gornaya pearl" com o peso médio de uma folha 1,54 g, com o valor máximo na variedade "Gornaya pearl" - 1,76 g (quadro 20).

Tabela 20

Dados sobre a área e o peso da folha complexa do pistácio em função da variedade

Ordenar	Área de uma folha	Peso médio de uma folha

	complexa, cm2	composta, g
Pérola da montanha	178.6	1.76
Orzu	119.7	1.40
Albina	151.3	1.46
Média por variedade	149.8	1.54
Controlo (planta não enxertada)	87.8	1.10

Como mostra o quadro 21, o consumo médio de água para transpiração, dependendo da variedade, durante o período vegetativo é superior a 52 mm, com uma massa foliar por árvore enxertada de 585,8 g.

Quadro 21

Consumo de água para a transpiração das plantas jovens de pistácio em função da variedade durante o período vegetativo no âmbito da sua cultura em cascalho no vale de Fergana.

Taxa de transpiração média sazonal, mg/g/hora	Peso da folha de 1 planta, g	Número de horas, dias, meses por estação de crescimento, hora	Número de plantas por 1 ha, pcs.	Consumo de água para transpiração por estação de 1 ha, mm
Pérola da montanha				
2321,0	750	1980	210	72,3
Ordenar "**Albina**"				
1945,3	566,4	1980	210	45,6
A variedade **Orzu**				
2162,9	441,0	1980	210	39,6
Consumo médio de água para transpiração por variedades.				
2143	585,8	1980	210	52,5
Controlo (planta não enxertada)				

2429,2	264	1980	210	26,6

Assim, o pistácio, mesmo cultivado em condições florestais muito duras em terrenos de seixos, praticamente na ausência de horizonte de solo fértil, mantém a dinâmica dos processos fisiológicos inerentes a esta espécie. Possui, em tenra idade, uma boa oblongezidade e, consequentemente, uma atividade assimiladora intensa, pelo que pode ser recomendado para o cultivo de plantações industriais no vale de Fergana.

Quadro 22

Teor de humidade das folhas de pistácios com 5 anos em função da variedade

Humidade da folha em, % mas peso húmido					
maio	junho	julho	agosto	setembro	média sazonal
Pérola da montanha					
58.7	55.6	56.1	58.8	61.2	58.0
Orzu					
58.9	55.0	53.6	57.0	60.5	57.0
Albina					
56.2	53.6	53.9	57.0	59.8	56.1
Controlo (planta não enxertada)					
56.3	51.7	51.6	52.9	57.5	54.0

O teor de humidade relativamente estável nas folhas durante a estação de crescimento é uma caraterística fisiológica importante do pistácio, que permite que esta planta não perca o turgor das folhas mesmo nos verões mais quentes e secos.

Devido à caraterística da dinâmica do pistácio (sazonal, diária) de diminuição da intensidade da transpiração da primavera para o outono, o seu défice de saturação de água aumenta gradualmente, sendo reabastecido à noite, quando o consumo de água para a transpiração diminui acentuadamente (Quadro 23).

Quadro 23

Défice hídrico do pistácio real de 6 anos em função da variedade

Défice hídrico, %

maio	junho	julho	agosto	setembro	média da época
Pérola da montanha					
10.8	17.6	22.7	23.3	25.2	20.1
Orzu					
11.8	19.4	22.4	24.5	26.0	20.8
Albina					
12.1	19.5	21.8	22.2	24.5	20.0
Controlo (planta não enxertada)					
14.1	17.0	19.3	19.5	20.3	18.1

9.1 Estudo da dinâmica diária e sazonal do regime hídrico (taxas de transpiração, défice hídrico, humidade das folhas) das variedades para estabelecer a resposta do pistácio às novas condições de crescimento.

Como demonstram as observações sobre o regime hídrico de plantas jovens (3-6 anos) de pistácio cultivadas em terrenos de seixos nos territórios da empresa florestal Kokand (local "Shoberdi", sopé da cordilheira do Turquestão) e Kokand LOS (sopé da cordilheira Alai), realizadas no período 20092011.O pistácio demonstrou uma grande adaptação às duras condições florestais caraterísticas da zona de formação de cascalho no vale de Fergana. Praticamente na ausência de horizonte de solo fértil, altas temperaturas do ar no verão, baixa humidade relativa do ar, atividade intensa do vento, as variedades de pistácio em novas condições mantiveram a intensidade de transpiração diária e sazonal elevada inerente a esta espécie, o teor de água quase constante nas folhas e o défice de saturação de água relativamente insignificante nas folhas (Quadro 24).

Tabela 24.

Intensidade de transpiração do pistácio verdadeiro na dinâmica sazonal de dependência da variedade

Intensidade da transpiração, mg/g/hora					
maio	junho	julho	agosto	setembro	Média

					sazonal
Pérola da montanha					
1988.2	2348.2	2917.3	2524.3	2248.2	2405.2
A variedade Orzu					
1728.2	1953.4	2787.8	2629.3	2275.6	2274.8
Variedade Albina					
1988.4	2009.5	2568.3	2045.6	1568.5	2036.1
Controlo (plantas não enxertadas)					
2521.4	2828.2	3112.5	2254.8	1826.8	2508.7

Tabela 25.

Teor de humidade das folhas de pistácios com 6 anos de idade em função da variedade

Humidade das folhas em % do peso bruto					
maio	junho	julho	agosto	setembro	Média sazonal
Pérola da montanha					
59.2	56.7	57.2	59.3	62.4	58.96
A variedade Orzu					
59.8	56.1	54.8	58.5	61.4	58.12
Variedade Albina					
57.9	54.9	55.2	58.1	60.4	57.3
Controlo (plantas não enxertadas)					
57.4	52.3	52.8	53.5	58.4	54.9

Tabela 26.

Défice hídrico do pistácio de 6 anos em função da variedade.

Défice hídrico, %					
maio	junho	julho	agosto	setembro	Média sazonal

Pérola da montanha					
11.2	18.5	24.2	25.8	26.7	21.3
A variedade Orzu					
12.1	20.2	23.1	25.6	27.3	21.6
Variedade Albina					
12.3	20.3	22.5	23.4	25.7	20.9
Controlo (plantas não enxertadas)					
14.9	18.3	20.4	20.8	21.4	19.1

Como se pode ver nos dados apresentados no quadro 24, a intensidade da transpiração tanto das variedades como das plântulas enxertadas aumenta da primavera para o verão, atingindo o seu máximo em julho-agosto. Segundo I.N. Beydeman (1960), este ritmo de intensidade de transpiração, que aumenta no verão e diminui no outono, é próprio das plantas constantemente abastecidas de humidade. De acordo com a classificação de I.N. Beydeman de três ritmos de intensidade de transpiração, o pistácio no vale de Fergana, em terrenos de cascalho, pode ser classificado no primeiro tipo de ritmo sazonal, ou seja, a intensidade de transpiração aumenta até meados do verão, diminuindo no outono.

O pistácio verdadeiro caracteriza-se por um teor de água foliar relativamente elevado e estável, que, regra geral, não desce abaixo da marca dos 50%. O mesmo padrão foi observado tanto nas variedades como nas plantas não vacinadas, quando a humidade da folha variou, em média, durante a vegetação, de 57,5% a 59,4% nas variedades e de 52,3 a 58,4% nas plantas de controlo não vacinadas (Quadro 25).

Na dinâmica sazonal, foram observados valores máximos de défice hídrico foliar (Quadro 26) em ambas as variedades e plantas não vacinadas. O défice de saturação hídrica foliar aumenta gradualmente nas mesmas, sendo reposto à noite, quando o consumo de água para a transpiração diminui acentuadamente

Assim, o verdadeiro pistácio, mesmo cultivado em condições florestais muito duras em terrenos de seixos zakolmatichnye, mantém a dinâmica dos processos fisiológicos inerentes a esta raça. Esta regularidade manifesta-se nas três primeiras variedades de pistáchio lançadas. Isto permite-nos prever a prospectividade e a possibilidade de inclusão de outras variedades de pistácio, recomendadas durante a execução dos trabalhos no âmbito do presente projeto, na composição da variedade libertada.

CAPÍTULO 10. Resistência biológica do pistácio verdadeiro (Pistacia vera L.) através das peculiaridades do metabolismo do carbono

O estudo do metabolismo dos hidratos de carbono é muito importante para determinar a adaptação das plantas às condições ambientais. Os hidratos de carbono são produtos da atividade de assimilação da massa foliar, ou seja, da fotossíntese. A intensidade da fotossíntese determina a reação das plantas às condições do seu crescimento, incluindo as condições de fornecimento de humidade.

Foi estabelecido (Nasyrov, 1962; Akhmatov, 1976) que as plantas xeromórficas, que incluem a Pistacia vera L., são caracterizadas por uma atividade de assimilação prolongada e estável durante todo o período de vegetação. Ao mesmo tempo, a Pistacia vera L. exibiu um valor elevado da intensidade média sazonal da fotossíntese (32-38 mg CO2/dm2 por hora), encontrado a uma temperatura de 31-32°C e uma iluminação de 60-64 mil lux. Isto indica a estabilidade excecional e a capacidade de adaptação do aparelho de assimilação do pistácio à ação da temperatura e da iluminação elevadas.

É do conhecimento geral que os açúcares solúveis desempenham um papel na estabilidade e adaptabilidade das plantas.

Por exemplo, o papel dos açúcares na resistência à geada foi bem e completamente divulgado (Maximov, 1929, 1952; Tumanov e Trunova, 1957).

Existem também dados sobre a resistência e adaptação das plantas (Suslova, 1941; Nekrasova 1949). Estes autores verificaram que o teor de açúcares solúveis nas folhas das plantas aumenta no calor do verão em diferentes tipos ecológicos, em diferentes graus.

De acordo com Troshin (1956), os açúcares adsorvidos nas micelas proteicas têm um efeito estabilizador e protegem-nas da influência de vários factores de coagulação (temperatura elevada, hipotonia salina). Y.G. Molotkovsky e I.M. Zhestkova (1964) observam que os açúcares estabilizam a respiração, tornando-a relativamente insensível ao sobreaquecimento e aos venenos respiratórios. De acordo com a conclusão dos autores, os açúcares bloqueiam as superfícies activas das membranas mitocondriais, protegendo-as de influências externas.

Do que precede, o papel dos açúcares solúveis na resistência das plantas ao sobreaquecimento e à desidratação é bastante multifacetado.

+ De acordo com P.P. Chuvaev, N.A. Semenova, A.M. Shirshoeva (1962), na acumulação absoluta de substâncias de reserva (hidratos de carbono e gorduras) nos rebentos anuais de amendoeira (Amygdalus communis L.) e pistácio (Pistacia vera L.) no final de julho, a época mais quente do verão (quando a temperatura do ar sobe para 37-40°C), não há depressão na acumulação absoluta de substâncias de reserva (hidratos de carbono e gorduras).) no final de julho, na época mais quente do verão (quando a temperatura do ar sobe para 37-40°C), nas condições do vale de Vakhsh (Tajiquistão), não há depressão - acumulação de substâncias orgânicas, mas, pelo contrário, continua durante todo o período de luz do dia.

Os hidratos de carbono são conhecidos por serem a principal fonte de energia para o metabolismo e como substâncias de reserva, sendo também necessários para o aumento da massa corporal e para a formação de frutos e sementes.

As principais reservas de hidratos de carbono das espécies lenhosas encontram-se nas folhas, no tronco e nas raízes. A concentração de hidratos de carbono em cada parte da planta varia (mais elevada nas folhas e nas raízes).

Os açúcares solúveis (mono e dissacáridos) actuam como hidratos de carbono de transporte. A hemicelulose e o amido funcionam como hidratos de carbono de reserva. O amido é o produto final do processo de assimilação nas plantas superiores.

É de notar que existe uma estreita relação entre a quantidade de amido nas folhas e a adaptabilidade das plantas lenhosas.

As espécies adaptadas (Armenica pinnatoramosa, Fraxinus lanceolata) caracterizam-se por uma capacidade de síntese ligeiramente reduzida das folhas durante os períodos húmidos e por uma atividade de acumulação de amido fortemente enfraquecida durante a seca.

De acordo com V.A. Kumakov (1952), o fornecimento de amido às árvores no outono é como que a expressão final do equilíbrio de hidratos de carbono para o período de vegetação decorrido e caracteriza a preparação das plantas para o inverno.

Assim, os hidratos de carbono são a principal fonte de energia para o metabolismo das plantas, as suas substâncias de reserva. O nível do seu conteúdo nas diferentes partes das plantas (folhas, troncos, raízes) determina o nível (atividade) das reacções bioquímicas nas plantas e, consequentemente, a sua resposta às condições de crescimento.

Uma vez que os mono e dissacáridos desempenham o papel de transporte dos hidratos de carbono, o amido e a hemicelulose são os produtos finais da assimilação.

Determinação do metabolismo dos hidratos de carbono nas folhas das variedades de pistácio estudadas na dinâmica sazonal, de maio a setembro inclusive, os hidratos de carbono solúveis e de reserva foram determinados no laboratório de UzNIILKh de acordo com o esquema abreviado de A.R. Kiesel (1934) utilizando o micrométodo de N. Bierry (Bierry H., 1951).

Os porta-enxertos não enxertados de pistácio com idade idêntica à das cultivares serviram de controlo. A determinação do metabolismo dos hidratos de carbono nas folhas das cultivares de pistácio estudadas foi efectuada na dinâmica sazonal de maio a setembro, inclusive, durante três anos (2009 - 2010). Foram incluídas no ensaio três variedades (Albina, Orzu, Gornaya gemuzhina), divididas em zonas de sequeiro. Foram selecionadas 10-15 plantas modelo e um controlo (planta não enxertada).

A análise dos dados apresentados no quadro 27, bem como a dinâmica sazonal da acumulação de hidratos de carbono, mostra que, independentemente das caraterísticas individuais das variedades e de acordo com os indicadores nas plantas de controlo, o teor de açúcares solúveis (mono + dissacáridos) e de nutrientes de reserva (amido + hemicelulose) nas folhas de pistácio aumenta do início do verão ao outono. Assim, se no início do verão (maio) nestas três variedades o teor de mono + dissacáridos = de 4,77 a 5,31%, e de amido + hemicelulose de 10,85 a 14,37%, então no outono estes índices aumentam quase 2 vezes e correspondem para os mono e dissacáridos de 9,87% a 11,24%, e para o amido + hemicelulose - de 20,43% a 23,32%. As variedades Orzu,

Mountain Pearl e Albina possuem um metabolismo de hidratos de carbono especialmente intenso, em que a soma de açúcares no outono aumentou de 17,58% para 31,95%. Estas variedades de pistácio caracterizam-se por um elevado teor de açúcares solúveis e de reserva, o que indica um metabolismo intensivo de hidratos de carbono e uma boa adaptação (adaptação) da variedade testada nestas condições edafoclimáticas da área de estudo. ++ O elevado teor de açúcares de reserva (hemicelulose de amido) nas variedades nomeadas também contribui para uma adaptação mais intensa (adaptação) às condições ambientais locais, caracterizando a sua tolerância à seca e, uma vez que tudo isto ocorre a temperaturas do ar muito elevadas no verão de +37° e +40°C, há um processo intensivo de formação de açúcares de reserva (hemicelulose de amido) de julho a setembro.

De acordo com V.A. Kumakov (1952), o teor de amido das árvores no outono é a expressão final do balanço de hidratos de carbono do período vegetativo anterior e caracteriza a preparação das plantas lenhosas para o inverno, ou seja, a sua resistência invernal. O crescimento das plantas lenhosas em altura e a atividade do floema estão intimamente relacionados com as flutuações da quantidade de amido. A acumulação máxima de amido ocorre no outono, altura em que o floema começa a diferenciar-se.

De acordo com as perspectivas modernas, o valor protetor dos açúcares consiste em estabilizar a estrutura e a função de macromoléculas importantes durante a ação de factores ambientais adversos.

O regime de hidratos de carbono desempenha um papel fundamental na adaptação das plantas a condições ambientais desfavoráveis.

Os dados obtidos sobre a acumulação em três variedades de pistácio verdadeiro confirmam o seu importante valor de diagnóstico na seleção das melhores variedades para a seca, ou seja, a sua resistência à seca aumenta. A acumulação intensiva de açúcares de reserva do pistácio no final da vegetação contribui para uma preparação mais intensiva para o inverno, ou seja, aumenta a sua resistência invernal.

Assim, o elevado nível de acumulação de hidratos de carbono solúveis e de reserva nas folhas de pistácio das variedades testadas (Albina, Orzu e Gornaya gemuzhina) indica a estabilidade e o desenvolvimento das propriedades de adaptação da variedade testada a estas condições de crescimento.

O metabolismo dos hidratos de carbono desempenha um papel preponderante na capacidade de adaptação das plantas a condições ambientais desfavoráveis, que nestas condições são as temperaturas elevadas do ar, o aumento da luz e a forte atividade do vento no período quente (julho). Os dados obtidos sobre a acumulação de amido e hemicelulose no pistácio confirmam o seu importante valor de diagnóstico na seleção das melhores variedades para a seca, ou seja, a sua tolerância à seca aumenta. A acumulação de açúcares de reserva no pistácio e o seu aumento acentuado no final do período vegetativo contribui para uma preparação mais intensiva da planta para o inverno, ou seja, aumenta a sua resistência ao inverno (até -35-40°C).

Assim, o nível de acumulação de hidratos de carbono solúveis e de reserva nas folhas de pistácio das três variedades indica estabilidade e boa capacidade de adaptação às condições áridas e duras de crescimento em terrenos pedregosos no vale de Fergana.

Tabela 27

Dinâmica sazonal da acumulação de açúcares solúveis e de reserva em % por massa seca absoluta nas folhas

Pistacia vera L. Média para 2008-2010.

Variante de experiência (variedade)	maio		junho		julho		agosto		setembro	
	+ ±Mono Disahara, M m	+ ±Amido Gemicelulose vinha, M m	+ ±Mono Disahara, M m	+ ±Amido Gemicelulose vinha, M m	+ ±Mono Disahara, M m	+ ±Amido Gemicelulose vinha, M m	+ ±Mono Disahara, M m	+ ±Amido Gemicelulose vinha, M m	+ ±Mono Disahara, M m	+ ±Amido Gemicelulose vinha, M m
Pérola da montanha (C20	± 5.25 0.04	± 14.37 0.08	± 6.45 0.07	± 16.06 0.05	± 7.87 0.07	± 18.02 0.04	± 8.87 0.05	± 19.27 0.08	± 11.24 0.05	± 23.22 0.08
Orzu (C-172)	± 5.31	± 12.18 0.04	± 6.70	± 14.44 0.06	± 7.88	± 16.55 0.02	± 8.51	± 17.22 0.07	± 10.57	± 21.65 0.06

	0.03		0.04		0.06		0.04		0.08	
Albina (C-11- "A")	± 4.77 0.03	± 10.85 0.07	± 5.89 0.06	± 12.95 0.03	± 7.18 0.05	± 14.98 0.06	± 7.35 0.09	± 16.23 0.02	± 9.87 0.03	± 20.43 0.04
Média por variedade	5,11	12,46	6,34	14,48	7,64	16,52	8,24	17,57	10,56	21,8
Controlo 1 (árvore não enxertada)	± 3.75 0.04	± 11.21 0.07	± 4.85 0.05	± 12.35 0.07	± 6.00 0.03	± 14.8 0.04	± 6.03 0.07	± 15.18 0.09	± 7.25 0.07	± 16.28 0.08

10.1 Descrição das variedades estudadas de pistácios verdadeiros (coleção de G.M. Chernova).

Pérola da montanha

Árvore de tamanho médio com uma copa arredondada e solta. Começa a frutificar a partir dos 12-15 anos de idade. Os frutos (nozes) são ossos de uma só semente reunidos em escovas compactas e arredondadas (12-15 peças numa escova). O pericarpo dos ossos (nozes) é branco aquando da maturação dos frutos. As nozes são grandes, 19x13x12 mm, unidimensionais, arredondadas, ligeiramente estriadas. A fissuração da casca nas costuras é bilateral, a 4/5 do comprimento da costura. A casca é fina, ligeiramente rugosa, acinzentada. A casca do miolo é rosa claro, a polpa do miolo é seca, densa, cor de pistácio. O sabor do miolo é adocicado.

PÉROLA DA MONTANHA

Figura 6. Frutos da variedade de pistácios "Mountain Pearl"

A variedade tem uma maturação tardia (nas condições do sul do Tajiquistão e dos contrafortes de sequeiro do Uzbequistão - terceira década de agosto - primeira década de setembro). Rendimento até 8 kg por 1 ha. Polinizador 20-4; 11 "A"-3. Resistência média às doenças fúngicas e aos danos nos frutos provocados por pragas. Resistente aos efeitos das secas atmosféricas (ventos secos). Medianamente exigente em fertilidade do solo.

O rendimento de nozes rachadas em relação ao peso total da colheita é de 90%, bem transportável. A amêndoa não perde o seu sabor durante 2-3 anos de armazenamento. Caracteriza-se por um elevado teor de açúcares, até 5%. Teor de gordura - 57%, proteína - 13%.

A densidade de plantação recomendada é de 180-200 árvores por hectare.

Ordenar "Albina"

Árvore de porte médio, com copa larga e aberta. Os frutos (nozes) são ossos de uma só semente reunidos em escovas soltas e alongadas (até 16-20 cm). Em média, 25-30 nozes num pincel.

ALBINA

Figura 7: Fruto de pistácio da variedade 'Albina'

O pericarpo (frutos secos) é esbranquiçado na altura do amadurecimento do fruto e rosa claro na extremidade. Os frutos secos são de tamanho médio, 17x10x9mm, unidimensionais médios, de forma alongada-elipsoide, ligeiramente estriados. A fissuração da casca nas costuras é maioritariamente unilateral, a ½ do comprimento da costura. A casca é fina, ligeiramente rugosa, de cor clara. A casca do miolo é rosa claro, a polpa do miolo é seca, densa, de cor verde clara. O sabor do miolo é doce.

A variedade é de maturação média (nas condições do sul do Tajiquistão - primeiro -

início da segunda década de agosto). Rendimento de até 8 t por 1ha. Polinizador 11 "A" -3. Resistente às doenças fúngicas e aos danos causados aos frutos pelas pragas. Excecionalmente resistente aos efeitos das secas atmosféricas (ventos secos). Medianamente exigente em fertilidade do solo.

O rendimento de nozes rachadas do peso total da colheita é de 80-85%. Bem transportável. A amêndoa não perde o seu sabor durante 3 anos de armazenamento. A amêndoa caracteriza-se por um aumento do teor de açúcares, até 5%. Teor de gordura - 59%, proteína - 13%.

A variedade Orzu

A árvore é de crescimento forte, com uma copa arredondada e larga, e entra em frutificação económica a partir dos 10-12 anos de idade. Os frutos (nozes) são ossos de uma só semente, recolhidos em escovas compactas e de comprimento médio (8-10 cm). Em média, 15-18 peças num pincel. O pericarpo dos ossos (nozes) é branco na altura do amadurecimento dos frutos.

ORZU

Figura 8. Frutos da variedade de pistácio "Orzu".

As nozes são grandes, 19x14x13 mm, unidimensionais médias, de forma elipsoidal, ligeiramente prateadas. A fissuração da casca nas costuras é bilateral, a 3/4 do comprimento da costura. A casca é fina, ligeiramente rugosa, de cor branca a acinzentada. A casca do miolo é rosa escuro, a polpa do miolo é seca, densa, de cor pistáchio (verde claro). O sabor da amêndoa é ligeiramente doce.

Variedade de maturação precoce (nas condições do sul do Tajiquistão e dos contrafortes de sequeiro do Uzbequistão, no início da primeira década de agosto). Rendimento até 10 centavos/ha. Atribuída à categoria de "alto rendimento". Polinizador 172-3, 11 "A" -3. Excecionalmente resistente aos danos nos frutos causados por pragas. Resistente aos efeitos das secas atmosféricas (ventos secos). Responde bem à alimentação com adubos organominerais.

O rendimento de nozes rachadas do peso total da colheita é de 75-80%. Bem transportável. A amêndoa não perde o seu sabor durante dois anos de armazenamento. Teor de açúcares na amêndoa - 4%, gordura - 59%, proteína - 15%.

Sort - sobremesa, para a indústria alimentar.

CONCLUSÃO

A comprovação da capacidade de adaptação biológica e ecológica do pistácio permite-nos esperar uma intensificação do envolvimento no volume de negócios agrícola de muitos sopés e montanhas baixas vazias e pluviais através do cultivo de plantações de pistácio.

O pistácio verdadeiro é um fenómeno natural valioso na zona árida do sul da Ásia Central. A preservação e a reconstituição desta espécie na sua pátria ancestral - em zonas montanhosas e de sopé - revestem-se de grande importância para a conservação de toda a região da Ásia Central.

O principal fator ambiental que limita o estado do pistácio é o regime de temperatura e a humidade do solo.

Para o crescimento e desenvolvimento normais do pistácio em toda a região de cultivo na Ásia Central, são necessárias temperaturas médias diárias estáveis do ar superiores a $+5^0$C, pelo menos $3400^{(0)}$; superiores a $+10^{(0)}$C, pelo menos 3200; superiores a $+20^0$C, pelo menos $2000\text{-}2200^{(0)}$C. A duração média do período de vegetação deve ser de 200 dias ou mais, e o período sem geadas não deve ser inferior a 160 dias.

A grande amplitude geográfica e altitudinal do crescimento do pistácio atesta, antes de mais, a elevada adaptação desta espécie, que lhe permite crescer em diferentes condições naturais e climáticas da região da Ásia Central e, consequentemente, as possibilidades territoriais ilimitadas da sua introdução na cultura.

Uma caraterística biológica e morfológica do pistácio é o desenvolvimento de um poderoso sistema radicular, que já no primeiro ano cresce e atinge uma profundidade de 100 (150) cm, desenvolvendo depois raízes horizontais com uma enorme rede de pequenas raízes sugadoras. A adaptabilidade do pistácio ao desenvolvimento de um sistema radicular potente em diferentes condições edafoclimáticas permite utilizar a humidade e os nutrientes de uma grande área, o que constitui uma das principais propriedades adaptativas.

O estudo das particularidades do regime hídrico do pistácio é um indicador da resistência e adaptação à seca. A adaptação biológica das plantas tolerantes à seca, incluindo o pistácio verdadeiro, é principalmente condicionada pela resistência à desidratação, que se reflecte no seu regime hídrico.

O desenvolvimento de um poderoso sistema radicular do pistácio proporciona, ao longo de toda a estação de crescimento, uma elevada taxa de intensidade de transpiração, o que, por sua vez, aumenta a atividade de assimilação, em contraste com outras espécies de árvores, e caracteriza-se por uma longa duração durante a estação de crescimento, devido aos estomas abertos durante o período de verão.

O pistácio verdadeiro caracteriza-se por uma maior intensidade de transpiração, que se correlaciona principalmente com a temperatura do ar. O sobreaquecimento prolongado das folhas provoca perturbações profundas no metabolismo, sendo a transpiração o principal fator fisiológico de estabilização da temperatura foliar.

Por conseguinte, a fim de estabelecer a elevada capacidade de adaptação do pistácio, que é confirmada por uma vasta gama geográfica e altitudinal de distribuição natural desta espécie na Ásia Central, no período 2006-2012, foram efectuados estudos sobre as perspectivas e a possibilidade de cultivar pistácio em condições climáticas naturais muito duras, caraterísticas dos terrenos de seixos na região florestal de Fergana, no Usbequistão.

O estudo do ambiente do solo e do teor de elementos básicos da nutrição do solo (azoto, fósforo) mostrou que os solos, pela sua composição granulométrica, são argilo-poeirentos com transição para cascalho. São pouco estruturados e difíceis de cultivar. Em termos de húmus e de teor bruto de azoto e fósforo, os solos não são típicos e podem ser considerados solos de seixos.

Por conseguinte, a aplicação de um conjunto de práticas de agro-gestão, incluindo a irrigação por sulcos (5-6 por vegetação), bem como a aplicação de películas protectoras

Os preparados ("meliorant") melhoram as condições de disponibilidade de humidade para o pistácio, proporcionando condições mais favoráveis para o seu crescimento e condição nos cascalhos zakolmatizados, típicos da região florestal de Fergana.

Assim, o verdadeiro pistácio, mesmo cultivado em condições florestais muito duras em terrenos de seixos zakolmatichnye, mantém a dinâmica dos processos fisiológicos inerentes a esta raça. Esta regularidade manifesta-se nas três primeiras variedades de pistáchio lançadas. Isto permite-nos prever a prospectividade e a possibilidade de inclusão de outras variedades de pistácio, recomendadas durante a execução dos trabalhos no âmbito do presente projeto, na composição da variedade libertada.

O estudo do metabolismo dos hidratos de carbono é muito importante para determinar a adaptação das plantas às condições ambientais. O nível de acumulação de hidratos de carbono solúveis e de reserva nas folhas do pistácio das três variedades actuais indica estabilidade e boa adaptação às condições de habitat árido em solos de cascalho no vale de Fergana.

LITERATURA UTILIZADA

1. Abu-Ali Ibn Sina. Cânone da Ciência Médica Volume 2, ed.2.-Tashkent, "Fan", 1982, pp.29-48.

2. № Adamovich Z.I., Norin B.N. The resin-bearing system of the pistachio Pistacia vera L.-"Botan.zhurn.", 1956, 9.

3. Alekseev V.P. Real Pistachio - Pistacia vera L. Família Anacardiaceae // Subtropical Crops. 1963. № 3.C.85-92

4. Alekseev A.I., Gusev N.A. Physiological analysis of plant water deficiency. In Sb.: Fisiologia da adaptação e estabilidade das plantas na introdução. Novosibirsk, "Nauka", SOANSSR, 1969.

5. Altergot V.F., Mordkovich S.S. The role of increased temperature in the complex effect of drought on the plant. In Collected Works: Physiology of plant adaptation to soil conditions. "Nauka", SOANSSR, 1973.

6. Akhmatov K.L. Peculiaridades da transpiração de espécies de árvores florestais da cordilheira de Chatkal. Actas da Estação Experimental Florestal do Quirguistão, Vol. 3, 1962.

7. Akhmatov K.A. Transpiração e regime de temperatura das folhas de espécies arbóreas e arbustivas no sopé do Alo-Too quirguiz. Theses.dokl.Sh Uralskogo sobosch. po physiol. i. ekol. Plantas lenhosas. -UFA, 1970.

8. Bulychev A.S. Bioecological features of pistachio in the foothills of the Kyrgyz ridge. -Frunze, editora da Academia de Ciências da SSR do Quirguistão, 1969, 81 pp.

9. Bierry N., et al. (Bierry N.,) Compt.rend biolad,1951.

10. Beydeman I.N. - Para a metodologia de estudo do regime hídrico das plantas. "Bot. zhurn.", Vol. XI. M. Nauka, 1956, No. 2, p. 212-220.

11. Dvoretskaya E.I. - À pergunta sobre a resistência à seca do carvalho de verão e de algumas outras espécies. "Lesnoe Khozvo" nº 2, 1949.

12. Vasilevskaya V.K. Leaf formation of drought-resistant plants - Ashgabat,

publishing house of the Academy of Sciences of Turkmen SSR, 1954.

13. Regime hídrico e resistência das plantas à seca. Bibliogr. Index.-Kishinev, 1964. Izd. "Kartia Maldoveniaske".

14. Genkel P.A. Plant resistance to drought and ways to increase it. Proc. Instituto de Fisiologia Vegetal. Academia de Ciências da URSS, T.V, vol. I,1946, 236 pp.

15. Zheltikova T.A. Florestação em terras de cascalho. Moscovo: Izd. "Lesnaya Promyshlennaya" . 1971, c.165.

16. Zholkevich V.N. Respiration energetics of higher plants under conditions of water deficit (Respiração energética de plantas superiores em condições de défice hídrico). M., "Nauka". 1968.

17. Zapryagaeva V.I. Frutos silvestres do Tajiquistão. M., L. 1964. p.694.

18. Ivanov L.A. Sobre o método de determinação da transpiração em rebentos cortados -Bot.zhurn, 1956a, vol.44, No.2, p.219-220.

19. Ivanov L.A., Silina A.A., Celniker Y.L. - Sobre o método de pesagem rápida para a determinação da transpiração em condições naturais. "Bot. zhurn.", 1950. Vol. 95, No. 2, pp. 171-185.

20. Keller B.A. Osmatic pressure and water content in assimilating organs of plants as means for elucidation and evaluation of their ecological-physiological and ecological-morphological peculiarities -Plant and environment.-M.: Izd. of the Academy of Sciences of the USSR, 1952, vol.3, p.171-212.

21. Kushnirenko M.D. Water regime and drought resistance of fruit plants - Kishinev, Shtiyintsa, 1962, 48 p.

22. Kenesarina N.A. Transpiração de espécies arbóreas e arbustivas nas condições de Karaganda. In book: Scientific conference on rationalisation of forestry and agroforestry in Kazakhstan.-Alma-Ata, 1959.

23. Kokina S.I. Regime hídrico e factores internos de estabilidade das plantas no deserto arenoso de Kara-Kum. In Collected Works: Problems of plant-growing

development of deserts, v.4, 1935.

24. Kondo I.N. Regime hídrico das uvas em condições de seca. Proc. Instituto de Fisiologia. de plantas da Academia de Ciências da URSS, т.IV, v.1, 1946.

25. Kiesel A.R. Guia prático de bioquímica vegetal. Biomediz, 1934.

26. Kumakov V.N. Dinâmica dos hidratos de carbono de reserva do carvalho, freixo e olmo em relação com o seu crescimento e estabilidade no sudeste. Avt.kand.diss.-Saratov, 1952.

27. Labutin V.K. Sketches of adaptation in biology and technology.-L. "Energia", 1970.

28. Lebedintseva E.V. Caraterísticas fisiológicas e anatómicas das plantas cultivadas em atmosfera seca e húmida. Izd. Gl. bot. jardim, т.XXV, vol. 4, 1926.

29. Lisitsina G.N. Ambiente natural do Sul da Ásia Central no Holocénico. A Idade da Pedra da Ásia Central e do Cazaquistão. Tashkent, "Fan", 1972.

30. Maksimov N.A. Trabalhos selecionados sobre a resistência à seca e a resistência das plantas ao inverno. T.I. Regime hídrico e resistência à seca das plantas. M.: Izd-vo ANSSR, 1952, 576 p.

31. Massalsky V.N. Região do Turquestão, São Petersburgo, 1913. 861 c.

32. Matveev M.I. Water rheim de algumas plantas lenhosas das montanhas do Tajiquistão. Stalinabad. Casa Publicadora da Academia de Ciências da República Socialista do Tajiquistão, 1953, 84 p.

33. Mikhailova L.M., Tuliaganov T.E. Adaptação do pistácio real a diferentes condições ambientais naturais e climáticas relacionadas com o cultivo em terrenos de seixos no Vale de Fergana. AGRO ILM 2011.

34. Mikhaylova L.M., Chernova G.M., Rakhmonov A.M. Assessment of Resistance of pistachio (Pistacia vera L.) through peculiarities of carbohydrate metabolism and prospects for the use of valuable variety on leased plots. Conferência Científica e Prática Republicana "Conservação e utilização sustentável da biodiversidade das

culturas agrícolas e dos seus parentes selvagens" 10 de dezembro de 2009, Tashkent, Uzbequistão. C.98-101.

35. Nasyrov Y. S. Fotossíntese de espécies arbóreas mesófilas e xerófilas do desfiladeiro de Kondara. Proc. Departamento de fisiologia e biofísica das plantas. Academia de Ciências do Tajiquistão. SSR, vol. 1, 1962a, 18-35.

36. Nikoliai L.V. Nova tecnologia eficaz de cultivo de plantações de pistácios no Uzbequistão. AGRO ILM 2011.

37. Petinov N.S. Estado e perspectivas do regime hídrico das plantas na URSS. In Collected Works: Water regime of agricultural plants. Moscovo, "Nauka", 1969.

38. Petinov N.S., Molotkovsky Y.G. Reacções de defesa de plantas resistentes ao calor sob a ação de temperaturas elevadas. "Physiology of plants", vol. 4, número 3, 1957.

39. Popov K.P. Pistachio in Central Asia. Ashgabat. 1979. c.159.

40. Popov K.P. Sobre a distribuição de raízes finas de pistache ao longo de perfis de solo.- "Forest Science" 1971a № I.

41. Popov K.P. Sobre a renovação vegetativa do pistácio real - "Lesovedenie" 1974a, [1] I.

42. Satarova N.A. Some regulatory mechanisms of plant adaptation to drought and high temperatures. Em Collected Works: Physiology of drought resistance of plants. Moscovo, "Nauka" 1971.

43. Sisakyan N.M., Kobyakova A.M. Directionality of enzymatic action as a sign of drought resistance of cultivated plants. Relatório. VI Adsorção de invertase por tecidos vegetais durante a murcha. "Bioquímica", 1947, vol. 12. № 5.

44. Suslova M.I. Coeficiente de murchamento de pistácios e amêndoas do Kopetdagh Ocidental. Dokl. VASKhNIL, v.21, 1940, p.6-9.

45. Chernova G.M., Olekhnovich G.S. About water regime of pistachio in forest-garden crops in the south of Tajikistan. Ciência Florestal. -M.: ANSSR, 1975, No. 2,

pp. 64-69.

46. Shcheglov V.F., Nimadjanova K.N., Babekova E.Y., Vakhobova H.V. Dinâmica da acumulação de hidratos de carbono nos grãos de pistácios. // Actas da Academia de Ciências do Taj.SSR. 1975. T.59. №2. C.70-76.

47. Avanzato D, Monastra F. - Coltura del pistachio: Situazione attuale e ricerche in cors. - Fruitticoltura, 1981, 43. 10-11, 15-18.

48. Avanzato D, Monastra F. - Coltura del pistachio: Situazione attuale e ricerche in cors. - Informatore di ortotiolofruitti-coltura 1982, 23, 6:1519.

49. Ayfer M. La culturedupistachier enTurguie. "Fruits", vol. № 22, 8, 1967, Paris.

I want morebooks!

Buy your books fast and straightforward online - at one of world's fastest growing online book stores! Environmentally sound due to Print-on-Demand technologies.

Buy your books online at
www.morebooks.shop

Compre os seus livros mais rápido e diretamente na internet, em uma das livrarias on-line com o maior crescimento no mundo! Produção que protege o meio ambiente através das tecnologias de impressão sob demanda.

Compre os seus livros on-line em
www.morebooks.shop

Printed by Books on Demand GmbH, Norderstedt / Germany